全国铁道职业教育教学指导委员会规划教材

高等职业教育建筑工程技术专业"十二五"规划教材

建 筑 制 图

杨小玉　主　编

宋德军　副主编

武晓丽　主　审

中国铁道出版社

２０１２年·北 京

内 容 简 介

本书为高等职业教育建筑工程技术专业"十二五"规划教材,全书按照教、学、做一体化的教学模式,以项目教学为主线、典型工作任务为主要内容来编写,突出高等职业教育特色。共分为 4 个项目:建筑基本构件图、建筑组合构件图、民用建筑工程图、钢结构厂房施工图。

本书适用于高职高专院校建筑工程技术、土木工程技术、工程造价、建筑装饰、智能化楼宇设施管理等专业的学生,并可作为相关专业从业人员的培训与参考用书。

图书在版编目(CIP)数据

建筑制图/杨小玉主编 . —北京:中国铁道出版社,2012.9
全国铁道职业教育教学指导委员会规划教材 . 高等职业教育
建筑工程技术专业"十二五"规划教材
ISBN 978-7-113-15141-6

Ⅰ.①建… Ⅱ.①杨… Ⅲ.①建筑制图-高等职业教育-
教材 Ⅳ.①TU204

中国版本图书馆 CIP 数据核字(2012)第 183594 号

书 名:**建筑制图**		
作 者:杨小玉 主编 宋德军 副主编		

策 划:刘红梅	电话:010-51873133	信箱:mm2005td@126.com	读者热线:400-668-0820
责任编辑:刘红梅			
封面设计:冯龙彬			
责任校对:孙 玫			
责任印制:李 佳			

出版发行:中国铁道出版社(100054,北京市西城区右安门西街 8 号)
网 址:http://www.51eds.com
印 刷:北京市燕鑫印刷有限公司
版 次:2012 年 9 月第 1 版 2012 年 9 月第 1 次印刷
开 本:787mm×1092mm 1/16 印张:11.25 字数:284 千
印 数:1~3000 册
书 号:ISBN 978-7-113-15141-6
定 价:24.00 元

前言

QIAN YAN

　　本书在编写过程中,结合高等职业教育的办学特点,以实际工程项目为载体,基于工作过程,开展项目化教学的教学理念,着重介绍了建筑制图的基本知识与技能、立体的投影、轴测图、组合体的投影图、建筑图样画法、建筑施工图以及结构施工图的图示内容及识读方法。同时,为适应不同培养方向的需要,对部分内容进行了适当的加深和拓宽,并加大了各种施工图的识读训练。理论以必要和够用为准则,突出实训、实例教学;图文并重,深入浅出,符合学生的认知规律;强化了实践与应用,引用的专业例图来自实际工程,有助于培养学生识读成套施工图的能力。

　　《建筑制图》按新规范、新标准编写,与相关专业现行制图标准和新技术同步;如《房屋建筑制图统一标准》(GB/T 50001—2010),《总图制图标准》(GB/T 50103—2001),《建筑制图标准》(GB/T 50104—2001),《给水排水制图标准》(GB/T 50106—2001),《暖通空调制图标准》(GB/T 50114—2001)等。另有配套的《建筑制图任务引导及强化册》,可在教学过程中与本书配套使用。

　　参加本教材编写工作的有:陕西铁路工程职业技术学院杨小玉(编写了项目1、项目2);天津铁道职业技术学院学院暴环宇(编写了项目3的任务1和任务2);陕西铁路工程职业技术学院宋德军(编写了项目3的任务3);包头铁道职业技术学院冯勇(编写了项目4)。

　　全书由兰州交通大学武晓丽主审,并提出了宝贵的意见和建议,在此,表示衷心的感谢。

　　由于编者水平有限,不足之处在所难免,恳请读者和同行批评指正。

编　者

2012 年 7 月

目录

项目 1　建筑基本构件图

项目描述

"建筑基本构件图"是本课程项目化教学的基础,通过该项目的学习训练,使学生熟练地应用制图国标及投影原理识读和绘制建筑构件图。

拟实现的教学目标

1. 能力目标

会应用制图国标;能认知和表达建筑基本构件,并对其投影图进行分析,想象出构件空间形状。

2. 知识目标

能够想象出墙类、板类、梁类、柱类构件的空间形状;能够识读叠加类、切割类形体的三面投影图;能够绘制叠加类、切割类形体的三面投影图。

3. 素质目标

通过阅读建筑基本构件图,培养学生分析问题的能力;通过完成墙、板、柱、梁构件三视图的绘制和识读任务,培养学生小组协作能力;及一丝不苟的工作作风。

典型工作任务1　墙类构件图的识读与绘制

1.1.1　工作任务

以 2 : 1 的比例将图 1.1 所示墙体的三面投影图绘制在 A4 图幅中,并在三面投影图中注出点 A、直线 MN 及平面 P 的投影,文字书写及图线绘制须符合国标。

1.1.2　相关配套知识

1. 制图的基本知识

(1)制图标准的基本规定

工程图样是工程界的技术"语言",图样应符合技术交流和设计、施工、存档的要求,需要制定制图标准。制图标准对图样的内容、格式和表达方法等作了统一的规定,制图时必须严格遵守,下面介绍制图标准中的图纸幅面、比例、字体和图线等基本规定,尺寸标注的基本规定将在有关内容中叙述。

①图幅

图幅即图纸幅面的简称。图纸幅面是指图纸宽度与长度组成的图面,即图纸的大小。

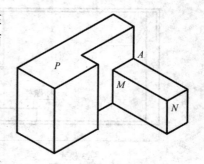

图 1.1　墙体

a. 幅面尺寸

绘制图样时,应优先选用表 1.1 中规定的图纸基本幅面。各基本幅面间的关系如图 1.2 所示。图框格式有横式和立式幅面。如果图纸幅面不够,可将图纸幅面长边加长,短边不得加长。

表 1.1　幅面及图框尺寸　　　　　　　　　　　　　mm

代号　尺寸	A0	A1	A2	A3	A4
$B \times L$	841×1 189	594×841	420×594	297×420	210×297
c	10			5	
a	25				

b. 图框格式及图纸形式

图框格式有横式和立式幅面。一般 A0~A3 图纸宜横式使用,必要时也可立式使用,A4 图纸宜立式使用,如图 1.3 所示。

c. 标题栏、会签栏

图纸的标题栏简称图标,是将工程图的设计单位名称、工程名称、图名、图号、设计号及设计人、绘图人、审批人的签名和日期等集中罗列的表格。除 A4 立式左右通栏外,其余标题栏均置于图框右下角,图标中的文字方向为看图方向。作业使用的标题栏推荐使用图 1.4 所示的格式。

会签栏是为各工种负责人签字所列的表格,会签栏应按照图 1.5 所示,绘签栏内应填写会签人员所代表的专业、姓名、日期。一个会签栏不够时,可另加一个,两个会签栏应并列,不需会签的图纸可不设会签栏。

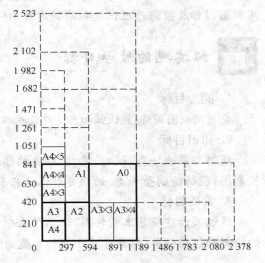

图 1.2　幅面尺寸

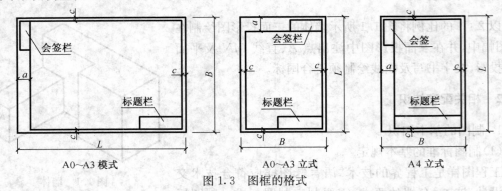

A0~A3 模式　　　A0~A3 立式　　　A4 立式

图 1.3　图框的格式

②图线

为了表示不同内容,并且能分清主次,必须使用不同线型和不同粗细的图线绘制图样。

a. 图线的形式和用途

(a)建筑工程图中的线型有实线、虚线、点画线、折断线、波浪线等。

(b)线宽互成一定的比例即:粗线:中粗线:细线 = b:$0.5b$:$0.25b$,其中 $b=0.35$、

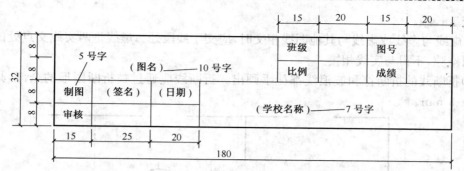

图 1.4 制图作业的标题栏格式和尺寸

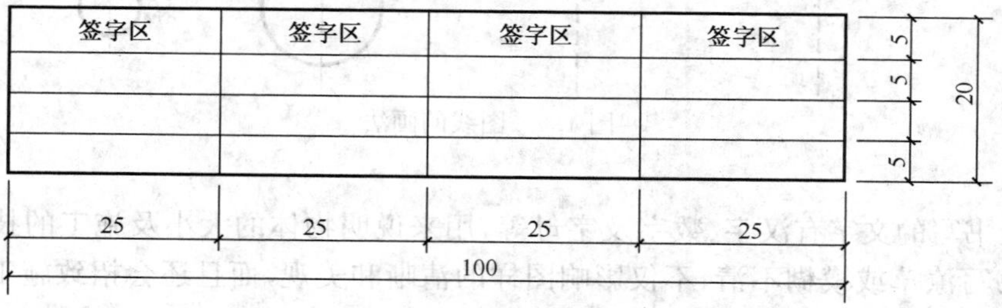

图 1.5 会签栏

0.5、0.7、1.0、1.4、2.0 mm。线宽之间公根比 $\sqrt{2b}$ 究竟取多大,根据图形的大小定,若大图,选大值,否则选小值。《房屋建筑制图统一标准》(GB/T 50001—2010)中规定,工程建设制图,应选用表 1.2 所示的图线。

表 1.2 图　线

名　称		线　型	线　宽	一　般　用　途
实线	粗		b	主要可见轮廓线
	中粗		$0.7b$	可见轮廓线
	中		$0.5b$	可见轮廓线、尺寸线、变更云线
	细		$0.25b$	图例线、家具线
虚线	粗		b	见各有关专业制图标准
	中粗		$0.7b$	不可见轮廓线
	中		$0.5b$	不可见轮廓线、图例线
	细		$0.25b$	图例线、家具线
单点长画线	粗		b	见各有关专业制图标准
	中		$0.5b$	见各有关专业制图标准
	细		$0.25b$	中心线、对称线、轴线等
双点长画线	粗		b	见各有关专业制图标准
	中		$0.5b$	见各有关专业制图标准
	细		$0.25b$	假想轮廓线、成型前原始轮廓线
折断线			$0.25b$	断开界线
波浪线			$0.25b$	断开界线

b. 图线画法注意事项(见图 1.6)

(a)同一张图纸中,同一比例的图样应选用相同的线宽组。

(b)两平行线的最小间距,不宜小于图中粗线的宽度,或不宜小于 0.7 mm。

(c)同一张图纸中,虚线、点画线和双点画线的线段长度及间隔大小应各自相等。

(d)如图形较小,画点画线和双点画线有困难时,可用细实线代替。

(e)点画线或双点画线的首尾两端应是线段而不是点,点画线与点画线或与其他图线相交,应交于长画。

(f)虚线与虚线或虚线与其他图线相交时,应交于线段处。虚线是两实线交点处的延长线时,应留空隙,不得与实线相接。

(g)折断线的折断符和波浪线都徒手画出。折断线应通过被折断图形的全部,其两端各画出 2～3 mm。

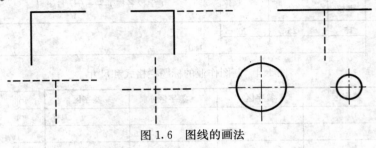

图 1.6　图线的画法

③字体

图纸上书写的文字有汉字、数字及字母等,用来说明物体的大小及施工的技术要求等内容。如果书写潦草或模糊不清,不仅影响图样的清晰和美观,而且还会招致施工的差错和麻烦,因此,国标对字体的规格和要求作了统一的规定。

总的要求是:排列整齐、字体端正、笔画清晰、标点符号清楚正确,规定如下:

a. 文字的字高从字高系列中选用(简称字号):1.8,2.5,3.5,5,7,10,14,20 mm,该字高系列中的公比是 $1:\sqrt{2}$,若需书写更大的字,则其高度按 $\sqrt{2}$ 递增。

b. 图纸上的汉字应写成长仿宋体,即高宽比是 $\sqrt{2}$;

c. 要写好长仿宋体,首先要练好基本笔画。我国的汉字多达数万,但仅由八种基本笔画组成:横、竖、撇、捺、点、挑、钩、折(如图1.7)。

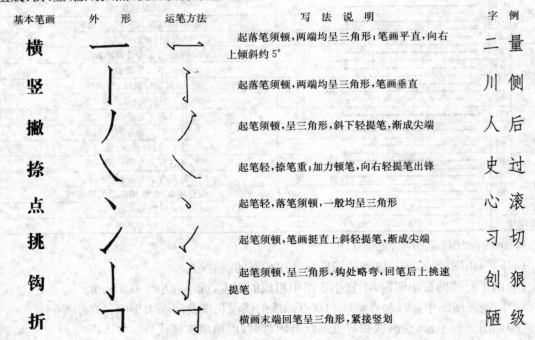

基本笔画	外　形	运笔方法	写 法 说 明	字 例
横	一	←	起落笔须顿,两端均呈三角形;笔画平直,向右上倾斜约5°	二 量
竖	|	|	起落笔须顿,两端均呈三角形,笔画垂直	川 侧
撇	ノ	ノ	起笔须顿,呈三角形,斜下轻提笔,渐成尖端	人 后
捺	㇏	㇏	起笔轻,捺笔重;加力顿笔,向右轻提笔出锋	史 过
点	丶	丶	起笔轻,落笔须顿,一般均呈三角形	心 滚
挑	㇀	㇀	起笔须顿,笔画挺直上斜轻提笔,渐成尖端	习 切
钩	亅	亅	起笔须顿,呈三角形,钩处略弯,回笔后上挑速提笔	创 狠
折	𠃍	𠃌	横画末端回笔呈三角形,紧接竖划	陋 级

图 1.7　仿宋字体的基本笔画及运笔

d. 要写好长仿宋体除练好基本笔画外，还应注意字体结构的特点。即应布局匀称，高宽足格，按汉字笔画部首的左右结构、上下结构、里外结构等形式，分配好字的各组成部分的比例和位置。

汉字 10 号字示例如下：

字体工整笔画清晰间隔均匀排列整齐

7 号字、5 号字和 3.5 号字示例分别如下：

横平竖直起落分明结构均匀填满方格

技术制图机械电子汽车航空船舶土木建筑矿山井坑纺织服装

螺纹齿轮端子接线学校飞行指导驾驶舱挖填施工引水通风闸门棉麻化纤工厂学习

e. 拉丁字母及数字若写成斜体字，斜体的倾斜度应是对底线逆时针旋转 75°。其高度和宽度均与相应的直体相等，若与汉字并列书写时，应写成直体字。数字和字母可写成直体和斜体。

f. 手写时，汉字高不小于 3.5 mm，数字或字母高不小于 2.5 mm。同一图样上，只允许选用一种形式的字体。

g. 数字或字母同汉字并列书写时，字高小 1 号或 2 号。

h. 当拉丁字母单独作代号或符号时，不使用 I、O、Z 三个字母，以免同阿拉伯数字的 1、0、2 混淆。

④比例

图样表现在图纸上应当按照比例绘制，比例能够在图幅上真实地体现物体的实际尺寸。比例的符号为"："，比例应以阿拉伯数字表示，如 1：1、1：2 等，比例宜注写在图名的右侧，字的基准线应取平；比例的字高宜比图名的字高小一号或二号。图纸的比例针对不同类型有不同的要求，如总平面图的比例一般采用 1：500、1：1 000、1：2 000，绘图所用的比例从表 1.3 规定的系列中选用。

表 1.3　建筑施工图的比例

图　名	常　用　比　例	备　注
总平面图	1∶500,1∶1 000,1∶2 000	
平面图、立面图、剖面图	1∶50,1∶100,1∶200	
次要平面图	1∶300,1∶400	次要平面图指屋面平面图、工业建筑的地面平面图
详图	1∶1,1∶2,1∶5,1∶10,1∶20,1∶25,1∶50	

(2)绘图工具及仪器

学习工程制图,必须熟练掌握制图工具和仪器的使用方法,它是提高制图质量和速度的重要条件之一。下面介绍常用绘图工具和仪器的使用方法:

①绘图工具

a. 图板(图 1.8)：主要用于固定图纸,有大小不同的规格。表面必须平坦、光滑,左边是与丁字尺尺头接触的导边(工作边),必须平直。

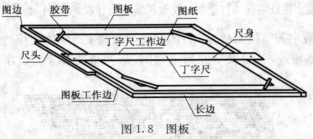

图 1.8　图板

b. 丁字尺(图 1.9)：由相互垂直的尺身和尺头组成。使用时,尺头紧靠图板左边的导边,然后上下移动,可自左向右画一系列水平线,和三角板配合画竖直线和斜线。不能用尺身下边画线,也不能调头靠在图板的其他边沿上使用。

c. 三角板(图 1.10、图 1.11、图 1.12)：一副有 45°和 30°(60°)两块。与丁字尺配合自下而上绘竖直线及 15°倍数的斜线。

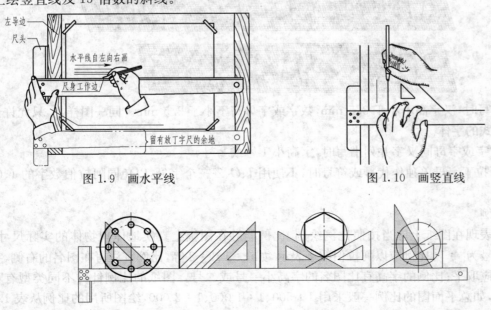

图 1.9　画水平线　　　　　　　　　图 1.10　画竖直线

图 1.11　画角度是 15°倍数的斜线

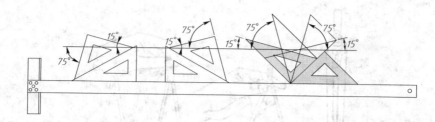

图 1.12 作任意已知直线的平行线和垂直线

  d. 比例尺(图 1.13、图 1.14、图 1.15):刻有不同比例的直尺。绘图时将实际尺寸按选定比例在相应的尺面上量取即可。

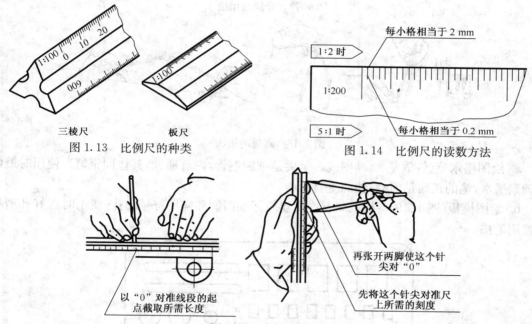

三棱尺   板尺

图 1.13 比例尺的种类

图 1.14 比例尺的读数方法

图 1.15 比例尺的使用

  e. 曲线板(图 1.16):绘制非圆曲线。

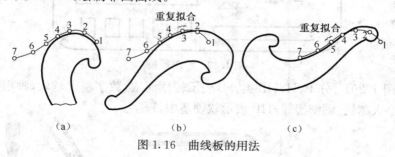

(a)   (b)   (c)

图 1.16 曲线板的用法

②绘图仪器

a. 分规(图 1.17):两腿端部均为固定钢针。主要用于量取线段的长度。

b. 圆规(图 1.18):画圆或圆弧。针尖应略长于铅芯。画图时,使用带有台阶的钢针端,以免将圆心扩大,影响作图精度。

③其他辅助工具

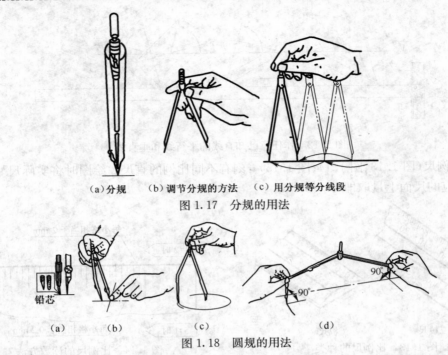

（a）分规　　（b）调节分规的方法　　（c）用分规等分线段

图 1.17　分规的用法

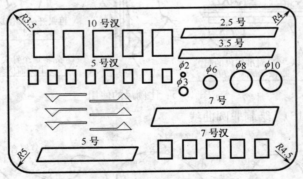

铅芯

（a）　　（b）　　（c）　　（d）

图 1.18　圆规的用法

a. 绘图墨水笔（针管笔）：画墨线。笔尖是细圆钢管，内有通针，其他同钢笔。使用时最好用碳素墨水，笔的正面稍前倾，侧面垂直纸面。

b. 绘图模板（图 1.19）：板上刻有许多建筑标准图例和常用符号的孔，使用时选好孔型和位置用笔描。

图 1.19　绘图模板

c. 铅笔（图 1.20）：分 B、H、HB 类。B 表示较软而浓，数字越大越软，画粗实线；H 表示较淡而硬，数字大越硬，画细实线；HB 表示软硬适中，写字。

（a）削铅笔　　（b）加深图线时的铅芯形状　　（c）画线时铅笔与尺的关系

正面　　侧面

图 1.20　铅笔的磨削和使用

d. 擦图片(图 1.21)：由薄塑料片或金属片制成的多孔板,擦除画错和多余的图线。

e. 图纸：绘图用绘图纸,纸质坚实平整不易起毛、吸墨但不浸。还有一种透明纸,上墨后作为复制用的底图。

f. 其他(图 1.21)：胶带纸、橡皮、刀片、排笔(刷子)、小刀、细砂纸、量角器。

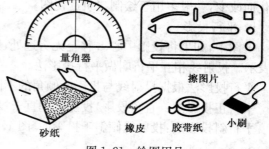

图 1.21　绘图用品

2. 投影的基本知识

(1)投影概念

①投影的形成

在日常生活中,我们经常可以看到物体在灯光或阳光的照射下出现影子,这就是投影现象。该影只能反映物体某个方向的外轮廓,表达不出物体上棱线棱面的形状,如图 1.22(a)所示。

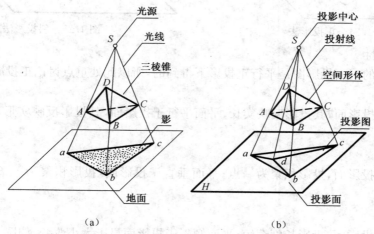

图 1.22　影与投影法

假设从光源发出的光线,能够透过物体,而将其各顶点和诸棱线都在平面上投射出它们的投影,如图 1.22(b)所示。如通过点 A 的光线 SA 与平面 H 相交,交点 a 就是 A 点的投影。照此做出这些点和线的投影,并组成一个能够反映出形体形状的图形,这个图形即为物体的投影,这种作出物体投影的方法,称为投影法。

在此,光源 S 称为投影中心,光线 SA、SB 等称为投射线,三棱锥称为空间物体,平面 H 称为投影面。

②投影的分类

按投影中心和投影面距离的远近,投影法可分为中心投影法和平行投影法。

a. 中心投影法

投射线相交于光源一点时,叫中心投影法,如图1.23 所示。

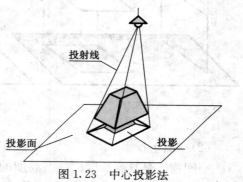

图 1.23　中心投影法

用中心投影法得到的投影,其形状和大小是随着投影中心、形体、投影面 3 者相对位置的变化而改变,一般多用于绘制建筑透视图。

　　b. 平行投影

　　上图中,如果将投影中心 S 移至无穷远处,则投射线相互平行,投影中心只能用投射方向 S 表示。投射线相互平行叫做平行投影法。

　　平行投影法根据投射线与投影面倾角的不同分为:

　　平行正投影法:(直角投影)投射线垂直于投影面(图 1.24)。

　　平行斜投影法:投射线倾斜于投影面(图 1.25)。

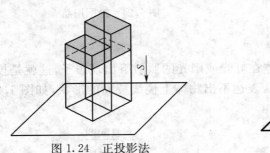

图 1.24　正投影法

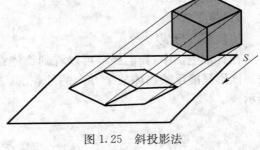

图 1.25　斜投影法

　　③正投影特性

　　工程中常用的三面投影图是平行正投影下得到的,所以此处重点讨论正投影的投影特性。

　　a. 显实性

　　直线平行于投影面,其投影反映实长;平面平行于投影面,其投影反映实形,如图 1.26(a) 所示。

　　b. 积聚性

　　直线垂直于投影面,投影积聚为一点;平面垂直于投影面,投影积聚为一条线,如图 1.26 (b)所示。

　　c. 类似性

　　直线倾斜于投影面,投影长度缩短;平面倾斜于投影面投影大小改变,如图 1.26(c)所示。

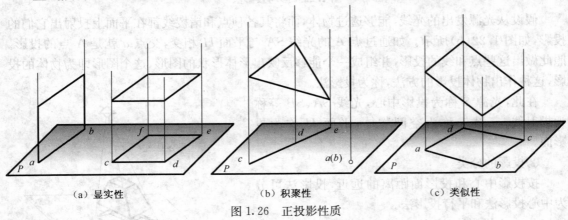

　　(a) 显实性　　　　　　　　(b) 积聚性　　　　　　　　(c) 类似性

图 1.26　正投影性质

　　(2)三面正投影

　　空间物体是具有长度、宽度、高度的三维形体,用一个正投影显然不能确定其空间形状。一般来说,需要建立一个由相互垂直的三个投影面组成的投影面体系,并作出物体在该投影面体系中的三个正投影才能充分表达出物体的空间形状。

①三投影面体系

由 3 个投影面形成的投影空间称三投影面体系,相邻两面的交线称为投影轴,正立投影面(V 面)与水平投影面(H 面)的交线称 OX 轴,水平投影面与侧立投影面(W 面)的交线称 OY 轴,正立投影面与侧立投影面的交线称 OZ 轴。三轴交于的一点为三投影面体系的原点 O,如图 1.27 所示。

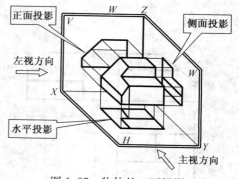

图 1.27 物体的三面投影

结论:三面投影能唯一确定物体的空间形状。

三面投影图是画在一个平面上的 3 个投影图,三投影面体系的展开方法:

保持 V 投影面不动,将水平投影面绕 OX 轴向下旋转 90°,将侧投影面绕 OZ 轴向右旋转90°,使 H 面和 W 面均与 V 面共面,由于 OY 轴是 H 面与 W 面的交线,展开后在 H 面内的 Y 轴用 Y_H 表示,在 W 面内的 Y 轴用 Y_W 表示,如图 1.28 所示。

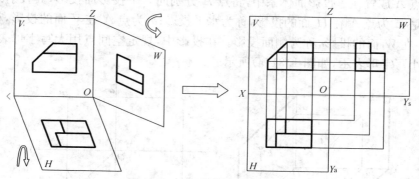

图 1.28 三面投影体系的展开

②三面投影图的投影规律

a. 三等关系

每一个投影图可表示出物体 2 个方向的尺寸,相邻两投影图同时表达物体某一方向的尺寸,即水平投影反映物体的长和宽;正面投影反映物体的长和高;侧面投影反映物体的高和宽。因此水平投影与正面投影所反映的物体长度相等;正面投影与侧面投影所反映的物体高度相等;水平投影与侧面投影所反映的物体宽度相等。归纳为口诀:主视、俯视,长对正;主视、左视,高平齐;左视、俯视,宽相等,如图 1.29 所示。

b. 三向六方位

空间形体的三向六方位,在投影图中的确定如图 1.30 所示。形体的上下左右在各投影图中与图形本身方向一致,明显易懂,前后方位则不直观,在水平投影和侧立投影图中,"远离正面投影的一侧是形体的前面"。正面投影反映物体的左右、上下方位,不反映前后方位;水平投影反映物体的左右、前后方位,不反映上下方位;侧面投影反映物体的上下、前后方位,不反映左右方位。掌握三面投影图中空间形体的三等关系和方位关系,对绘制和阅读投影图是极为重要的。

1.1.3 知识拓展

点、线、面是构成形体最基本的元素,掌握点、直线、平面的投影规律是掌握空间形体投影的基础。

图 1.29　三等关系

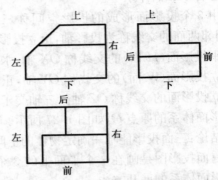

图 1.30　物体六方位在三面投影图中的反映

1. 点的三面投影

点的投影仍然是点。

将空间点 A 放置在三投影面体系中,将点 A 分别向 3 个投影面投影,其投射线与投影面的交点分别是:a 为点 A 在 H 面的投影,称为水平投影;a′ 为点 A 在 V 面的投影,称为正面投影;a″为点 A 在 W 面的投影,称为侧面投影。在投影中,规定空间点用大写字母表示,点的投影用相应的小写字母表示,如图 1.31(a)所示。

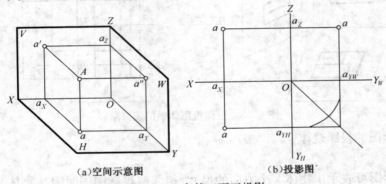

(a)空间示意图　　　　　　　　(b)投影图

图 1.31　点的三面正投影

(1)点的三面投影特性

由正投影特性得知,图 1.31(a)中 $Aa \perp H$ 面,$Aa' \perp V$ 面,所以 $Aa'a_x a$ 是个矩形,且垂直于 V 面和 H 面,也必垂直于 V 面和 H 面的交线 OX 轴,那么 $a'a_x \perp OX$,$aa_x \perp OX$。当三投影面展开后,点 A 的水平投影 a 和正面投影 a′ 的连线必垂直于 OX 轴,即 $aa' \perp OX$,如图 1.31(b)所示。同理,点 A 的正面投影 a′ 和侧面投影 a″ 的连线必垂直于 OZ 轴,即 $a'a'' \perp OZ$。

由图 1.31(a)可知,平面 $Aaa_Y a''\perp OY$ 轴,所以 $aa_x = Aa' = a''a_z = a_Y O$,即 $aa_x = a''a_z$。由此可知,点的三面投影具有以下规律:

①点的每两个投影之间的投影连线,必定垂直于相应的投影轴,即 $aa' \perp OX$、$a'a'' \perp OZ$。

②各投影到投影轴的距离,等于该点到通过该轴的相邻投影面的距离,即 $aa_x = Aa'$。

点的投影规律,是空间点的三面投影必须保持的基本对应关系,同时也是作点的三面投影图必须遵守的基本对应规则。在作图时,为保持 aa_x 与 $a''a_z$ 相等的关系,可借助于过原点 O 所作的 $\angle Y_H OY_W$ 的 45°分角线为辅助线或以 O 为圆心以 Oa_{YH} 或 Oa_{YW} 为半径画弧的方法,如图 1.31(b)所示。由上所述,在三投影面体系中,由一点的任意两个投影,均可表示一点的空间位置。因此,空间一点可以由三个投影中任意两个来表示,也可由任意两个投影作出第三个投影。

【例 1.1】 已知 A 点的 V,W 面投影 a' 和 a'',求作 A 点的 H 面投影,如图 1.32(a)所示。

分析:由点的投影规律可知 $aa' \perp OX$,且 $aa_x = a''a_Z$。

作图:

①过 O 作 $\angle Y_H OY_W$ 的 45°分角线;

②过 a' 作 OX 轴的垂线并延长;

③过 a'' 作 OY_W 轴的垂线并延长与 45°分角线相交,由交点作 OY_H 轴的垂线并延长,与自 a' 所作的 OX 轴垂线交于 a 点,如图 1.32(b)所示。

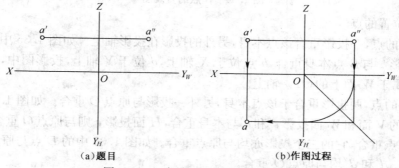

(a)题目　　　　　　　　　　　　(b)作图过程

图 1.32　已知点的两投影求第三投影

【例 1.2】 已知点 $A(17,10,20)$,求作其三面投影图及直观图。

点的三面投影图的作图:

①画出投影轴,并标记。

②在 OX 轴上量取 $X=17$,得 a_x,如图 1.33(a)所示。

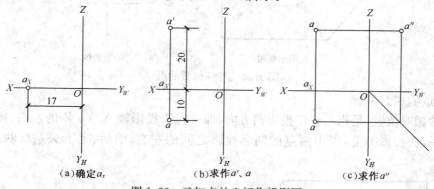

(a)确定 a_x　　　　　　　(b)求作 a'、a　　　　　　　(c)求作 a''

图 1.33　已知点的坐标作投影图

③过 a_x 作 OX 轴的垂线,在此垂线上,自 a_x 向上截取 $Z=20$,得 a'。向下截取 $Y_H=10$,得 a,如图 1.33(b)所示。

④利用点的投影规律,求作点的侧面投影 a'',如图 1.33(c)所示。

点的直观图的作图:

①作三投影面体系的直观图,如图 1.34(a)所示。

②在投影轴上分别截取 $Oa_x=17,Oa_Y=10,Oa_Z=20$,并过 a_x,a_Y,a_Z 点作相应轴的平行线,分别交于 a,a',a'',如图 1.34(a)所示。

③自 a,a',a'' 点分别作 OZ,OY,OX 轴的平行线,交于一点即为空间点 A,如图 1.34(b)所示。

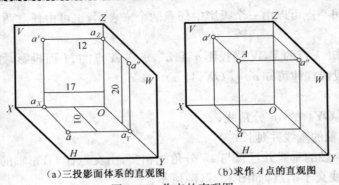

(a)三投影面体系的直观图　　　(b)求作 A 点的直观图

图 1.34　作点的直观图

(2)特殊位置的点

投影面上的点,一投影重合该点本身,另外的投影在投影轴上。如图 1.35 中 B 点位于 H 面上,H 面投影 b 与 B 点本身重合,b' 点位于 X 轴上,b″ 位于 Y 轴上,投影图中,因 b″ 位于 W 面上,应画在属于 W 面上的 OY_w 轴上。

投影轴上的点,两投影重合于该点本身,另外一投影与原点 O 重合。如图 1.35 中 C 点位于 Z 轴上,它的 V 面和 W 面投影 c' 和 c″ 与本身重合,H 面投影 c 则与原点 O 重合。

一点与原点重合,它的三个投影亦均与原点重合。如图 1.35 中的 D 点与原点 O 重合,它的三个投影 d 、d' 和 d″ 均与原点 O 重合。

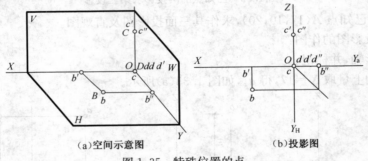

(a)空间示意图　　　　　　(b)投影图

图 1.35　特殊位置的点

(3)两点的相对位置

两点的相对位置,是指垂直于投影面方向,即平行于投影轴 X、Y、Z 的左右、前后和上下的相对关系,在投影图上,可由两点的同名投影之间的左右、前后、上下关系反映出来,如图 1.36 所示。

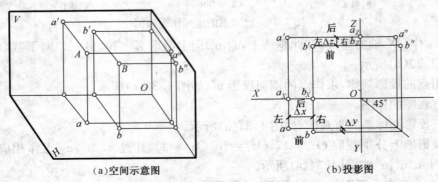

(a)空间示意图　　　　　　(b)投影图

图 1.36　两点的相对位置

又两点的相对距离,并非指两点间的真实距离,而是指平行 X 、Y 、Z 轴的距离,也就是分别到 W 、V 和 H 面的距离差(坐标差),分别称为长度差、宽度差和高度差。

长度差:$\Delta X = X_A - X_B$

宽度差:$\Delta Y = Y_A - Y_B$

高度差:$\Delta Z = Z_A - Z_B$

(4)重影点及其可见性(图 1.37)

两点位于某一投影面的同一条投射线上,则它们在这一个投影面上的投影互相重叠,该重叠的投影称为重影点。一个投影面上重影点的可见性,必须依靠该两点在另外的投影面上的投影来判定。

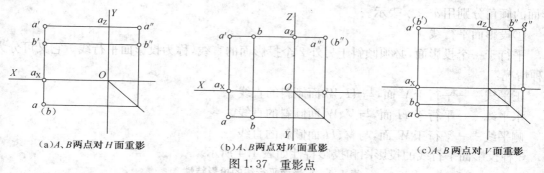

(a)A、B 两点对 H 面重影 (b)A、B 两点对 W 面重影 (c)A、B 两点对 V 面重影

图 1.37 重影点

在空间,当我们沿着投射线方向朝投影面观看时,离观看者近的点可见,离开观看者远的点被近的点遮住而不可见。现我们朝 H 面向 A 和 B 两点观看时,A 点高,因而离观看者近,故为可见点;B 点低而离观看者远,所以不可见。在投影图中,V 面和 W 面的投影均可反映点的高低即上下位置,如正面投影 a' 在上而 b' 在下,侧面投影 a'' 在上而 b'' 在下,均可反映出 A 高于 B 。故从上向下观看时,A 为可见,B 为不可见。

我们规定:当需要在投影图上标记重影点的可见性时,一般将可见点的字母写在前面;将不可见点的字母写在后面并加圆括号,如图 1.37 所示。

2. 直线的三面投影

(1)直线的投影一般仍为直线

如图 1.38 所示,已知直线 AB,过直线上各点向 H 面所做的投射线形成一个平面,它与 H 面的交线 ab 即为直线 AB 在 H 面上的投影。由初等几何知道,两点可以决定一条直线,因此,空间直线的投影,可由直线上两点的投影来确定。作直线的投影,只要作出直线上两点的投影,连接两点的同面投影即为直线 AB 的投影。

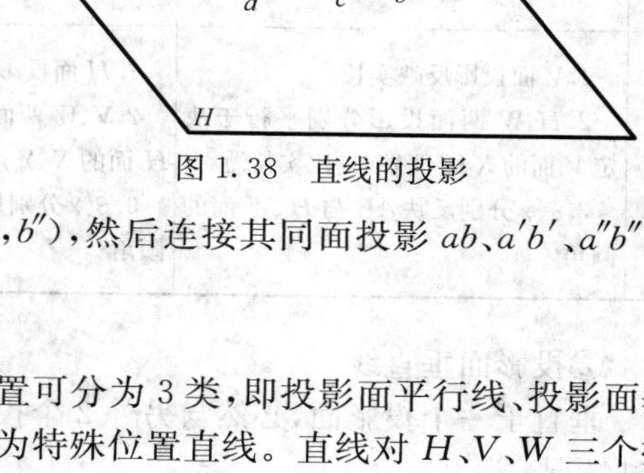

如图 1.39 所示,做直线 AB 的三面投影图。

图 1.38 直线的投影

可分别作出 A、B 两点的三面投影(a,a',a'')、(b,b',b''),然后连接其同面投影 ab、$a'b'$、$a''b''$ 即得直线 AB 的三面投影图。

(2)各种位置直线的投影

在三投影面体系中,按直线对投影面的相对位置可分为 3 类,即投影面平行线、投影面垂直线、投影面倾斜线(一般位置直线)。前两类又称为特殊位置直线。直线对 H、V、W 三个投

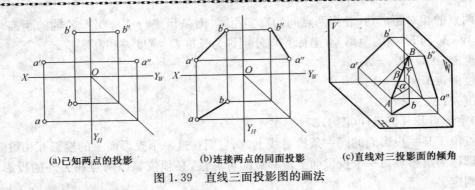

(a)已知两点的投影　　　　(b)连接两点的同面投影　　　　(c)直线对三投影面的倾角

图 1.39　直线三面投影图的画法

影面的倾角分别用 a、β、γ 表示。

①投影面平行线

平行于一个投影面,必须倾斜于另外 2 个投影面的直线,称为投影面平行线。它又可分为 3 种情况:

正平线——平行于 V 面,与 H、W 面倾斜的直线。

水平线——平行于 H 面,与 V、W 面倾斜的直线。

侧平线——平行于 W 面,与 V、H 面倾斜的直线。

3 种投影面平行线的投影图和投影特性如表 1.4 所示。

表 1.4　投影面平行线的投影特性

	正平线	水平线	侧平线
直观图			
投影图			
投影特性	1. V 面投影反映实长 2. H、W 两面投影分别平行于决定 V 面的 X、Z 两轴,且比实长短 3. a、γ 分别反映 AB 与 H、W 面的倾角	1. H 面投影反映实长 2. V、W 两面投影分别平行于决定 H 面的 X、Y 两轴,且比实长短 3. β、γ 分别反映 CD 与 V、W 面的倾角	1. W 面投影反映实长 2. H、V 两面投影分别平行于决定 W 面的 Y、Z 两轴,且比实长短 3. a、β 分别反映 EF 与 H、V 面的倾角

②投影面垂直线

垂直于一个投影面,必然与另外 2 个投影面平行的直线,称投影面垂直线,它可分为下列 3 种情况:

正垂线——垂直于 V 面，与 H、W 面平行的直线。

铅垂线——垂直于 H 面，与 V、W 面平行的直线。

侧垂线——垂直于 W 面，与 V、H 面平行的直线。

3 种投影面垂直线的投影图和投影特性如表 1.5 所示。

表 1.5　投影面垂直线的投影特性

	正垂线	铅垂线	侧垂线
直观图	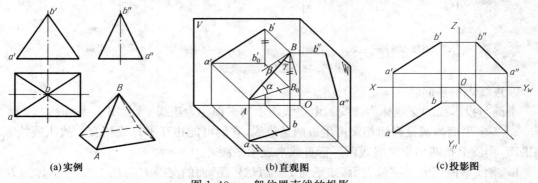		
投影图			
投影特性	1. V 面投影积聚成一点 2. H、W 两面投影分别垂直于决定 V 面的 X、Z 两轴，且反映实长	1. H 两面投影积聚成一点 2. V、W 两面投影分别垂直于决定 H 面的 X、Y 两轴，且反映实长	1. W 面投影积聚成一点 2. H、V 两面投影分别垂直于决定 W 面的 Y、Z 两轴，且反映实长

③一般位置直线

对三个投影面都处于倾斜位置的直线，称为一般位置直线。如图 1.40 所示的直线 AB，其两端点对 V, H, W 面的坐标差都不等于零，所以 AB 的 3 个投影都倾斜于投影轴。

图 1.40　一般位置直线的投影

由于直线 AB 与 H、V、W 面的夹角 α, β, γ 都不等于零，而 $ab = AB\cos\alpha$，$a'b' = AB\cos\beta$，$a''b'' = AB\cos\gamma$，所以三个投影都小于实长 AB，且 AB 的投影与投影轴的夹角，也不反映直线 AB 对投影面的倾角。

3. 平面的三面投影

(1)平面的投影特性如图 1.41 所示。

①平面倾斜于某一投影面时，其投影是一个类似图形，但大小有变化。

②平面垂直于某一投影面时,其投影
积聚成一条直线。

③平面平行于某一投影面时,其投影
反映平面图形的实形。

(2)平面表示法

①几何元素表示平面

平面可由下列任意一组几何元素来
确定:不在一条直线上的三点,如图 1.42
(a);相交两直线,如图 1.42(b);一直线

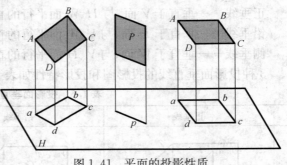

图 1.41　平面的投影性质

和线外一点,如图 1.42(c);平行两直线,如图 1.42(d);任意平面图形。

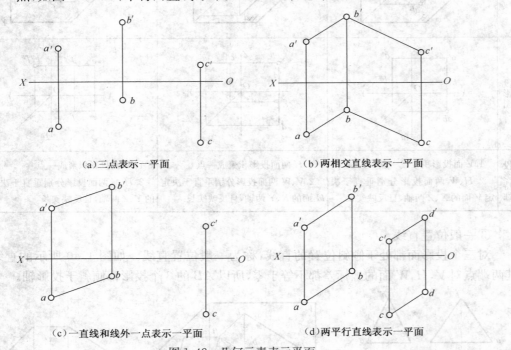

(a)三点表示一平面　　　　　　　　　(b)两相交直线表示一平面

(c)一直线和线外一点表示一平面　　　　(d)两平行直线表示一平面

图 1.42　几何元素表示平面

②迹线表示平面

平面与投影面的交线称为迹线。由迹线表示的平面称为迹线平面[图 1.43(a)]。

a. 一个平面与两投影面相交可生成两条迹线,它们可能相互平行或相交。故用迹线表示
的平面,实质上是两相交直线或两平行直线来表示平面。

b. 迹线平面用大写字母表示,如平面 P 与 H、V、W 面的交线 P_H、P_V、P_W 分别称为 P 面
的水平迹线、正面迹线、侧面迹线,P 平面与投影轴的交点 P_X、P_Y、P_Z 称作迹线共点即用相同
字母并加注所属投影面或投影轴字母的下标。

c. 投影图中,迹线平面由其迹线表示,而迹线仍用原来的字母表示,如图 1.43(b)所示。

(3)各种位置平面的投影

①投影面平行面

平行于一个投影面必然与另外 2 个投影面垂直的平面,称为投影面平行面。它又可以分
为 3 种情况:

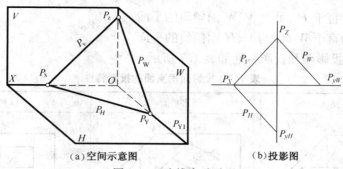

（a）空间示意图　　　　　　　（b）投影图

图 1.43　迹线表示平面

正平面——平行于 V 面,垂直于 H、W 面的平面。

水平面——平行于 H 面,垂直于 V、W 面的平面。

侧平面——平行于 W 面,垂直于 V、H 面的平面。

3 种投影面平行面的投影图和投影特性如表 1.6 所示。

表 1.6　投影面平行面的投影特性

	正平面	水平面	侧平面
直观图			
投影图			
投影特性	1.V 面投影反映实形 2.H、W 两面投影积聚为一直线,且分别平行于决定 V 面的 X、Z 轴	1.H 面投影反映实形 2.V、W 两面投影积聚为一直线,且分别平行于决定 H 面的 X、Y 轴	1.W 面投影反映实形 2.H、V 两面投影积聚为一直线,且分别平行于决定 W 面的 Y、Z 轴

平行面的投影特性总结如下:

a. 平面在其所平行的投影面上的投影,反映空间平面的实形。

b. 在另外 2 个投影面上的投影,均积聚为直线,且分别平行于相应的投影轴。

②投影面垂直面

垂直于一个投影面,必须倾斜于另外 2 个投影面的平面,称为投影面垂直面。它可以分为下列 3 种情况:

正垂面——垂直于 V 面,与 H、W 面倾斜的平面。

铅垂面——垂直于 H 面,与 V、W 面倾斜的平面。

侧垂面——垂直于 W 面,与 V、H 面倾斜的平面。

3 种垂直面的投影图和投影特性如表 1.7 所示。

表 1.7　投影面垂直面的投影特性

	正平面	水平面	侧平面
直观图			
投影图			
投影特性	1.V 面投影积聚为一直线 2.H、W 两面投影是比实形小的类似形 3.α、γ 分别反映平面与 H、W 面的倾角	1.H 面投影积聚为一直线 2.V、W 两面投影是比实形小的类似形 3.β、γ 分别反映平面与 V、W 面的倾角	1.W 面投影积聚为一直线 2.V、H 两面投影是比实形小的类似形 3.α、β 分别反映平面与 H、V 面的倾角

③一般位置平面

与 3 个投影面都处于倾斜位置的平面,称为一般位置平面。如图 1.44 所示,△ABC 与 V、H、W 都倾斜,所以在 3 个投影面上的投影均为缩小了的类似形。3 个投影面上的投影都不能直接反映该平面对投影面的倾角。

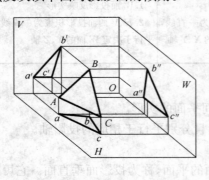

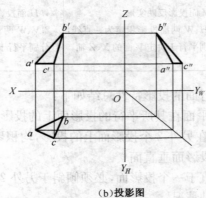

（a）空间示意图　　　　　　　　　　　　（b）投影图

图 1.44　一般位置平面的投影

典型工作任务 2　板类构件图的识读与绘制

1.2.1　工作任务

已知肋形板的两面投影如图 1.45 所示,想象其空间形状,补画板及 A 点的侧面投影。

1.2.2　相关配套知识

表面全是平面的立体,称为平面立体或多面体。平面立体的每个表面都是平面多边形,称为棱面。棱面与棱面的交线称为棱线,棱面与棱线的交点称为顶点。由于它们所处位置不同,还可以有其他名称,如顶面、底面、侧面、端面和底边、侧棱等(图 1.46)。

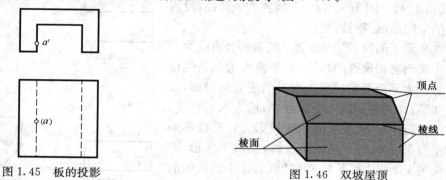

图 1.45　板的投影　　　　　　　　　图 1.46　双坡屋顶

平面立体的投影,实际上可归结为棱面、棱线和顶点的投影。

平面立体分为棱柱、棱锥和棱台。其中,棱线互相平行的为棱柱;棱线交于一点的为棱锥;棱锥被截去锥顶则形成棱台。通常可用棱线数来命名平面立体,如三棱柱、四棱锥、六棱台等。

1. 棱柱体

【例 1.3】　图 1.47 为一个六棱柱,投影形成的空间情况及投影图。

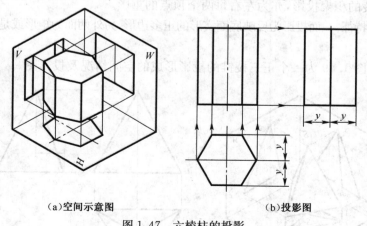

(a)空间示意图　　　　　　　　　　　(b)投影图

图 1.47　六棱柱的投影

①特征分析

该六棱柱包括八个面。其中,上下表面分别称为上下底面,均为全等的六边形且互相平行;另外六个矩形外表面称为棱面,它们互相全等且与底面垂直,六条棱线与底面垂直,长度相等等于棱柱的高。

②摆放位置的选择

底面为水平面；前后棱面为正平面。

③投影图分析

水平投影是一个正六边形，是六棱柱顶面和底面的投影，顶面可见，底面则不可见。该投影反映了他们的实形。六边形的边线，为顶面和底面上各六条边线的投影，反映了它们的实长和方向，亦为棱柱六个侧面有积聚性的投影。六边形的顶点，是立体上每条侧棱有积聚性的投影。

正面投影为三个矩形，中间的矩形为前后两个侧面的投影，反映实形，两侧的矩形为六棱柱左右侧面的投影，不反映实形为类似形。矩形的边线，是侧面上棱线的投影，反映他们的实长和方向。

同样，可分析出侧面投影的中线框和线条的含义。

【例1.4】 图1.48为一个横置的三棱柱，投影形成的空间情况及投影图。

水平和正面投影均呈矩形。两侧的竖直线为左右两个端面有积聚性的投影；水平横线为三条侧棱的投影。水平面投影矩形为水平的底面的投影，反映了实形；亦为斜面的水平面投影；后方水平边线，同时为平行 V 面的侧面的积聚投影。V 面投影矩形为平行 V 面的后方侧面的投影，反映了实形；亦为斜面的 V 面投影；下方水平边线为水平的底面的积聚投影。斜面由于不平行水平面和 V 面，故水平面和 V 面投影均不反映其实形；但由于它有一组直角边平行 H 面和 V 面，故它的水平面和 V 面仍为矩形。

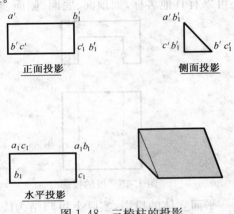

图1.48　三棱柱的投影

三棱柱的左右三角形端面平行 W 面，故它们重影的 W 面投影为一个反映它们实形的三角形，W 面投影的三条边线，亦为垂直于 W 面的三个侧面的积聚投影；三个顶点亦为垂直于 W 面的三条侧棱的积聚投影，亦为左右每两个顶点的重影。

棱柱的投影特征：一面投影为反映底面实形的正多边形，另外两面为矩形或是矩形的组合。

2. 棱锥体

【例1.5】 图1.49为一个正三棱锥的投影形成的空间情况及投影图。

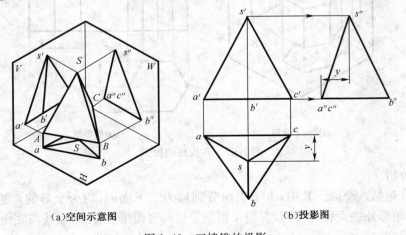

(a)空间示意图　　　　　　　　(b)投影图

图1.49　三棱锥的投影

分析:正三棱锥底面△ABC 是一水平面,水平投影反映实形。左、右棱面为一般位置平面,故它们的各个投影均为类似形,后棱面为侧垂面,其侧面投影积聚为一条直线。

【例 1.6】　图 1.50 为一个正五棱锥,投影形成的空间情况及投影图。

①分析形体

底面为正五边形,五个棱面为五个相等的等腰三角形。

②摆放位置

底面水平放置,轴线竖直通过底面的形心且与底面垂直。

③投影分析

五棱锥的底面为一个水平的正五边形 ABCDE。它的水平投影 abcde 反映实形;正面和侧面投影各积聚成一条水平线。

顶点 S 的水平投影 s 位于五变形 abcde 的中心。S 与五边形顶点 abcde 的连线即为各侧棱的水平投影。

同样,可作出正面和侧面投影。

对于不可见的线用虚线画出。若粗实线与虚线重合,则应画粗实线。

棱锥的投影特征:一面投影为反映底面实形的正多边形(内含反映侧面的三角形),另两面为三角形或三角形的组合。

3. 棱台体

【例 1.7】　图 1.51 为一个正五棱台,投影形成的空间情况及投影图。

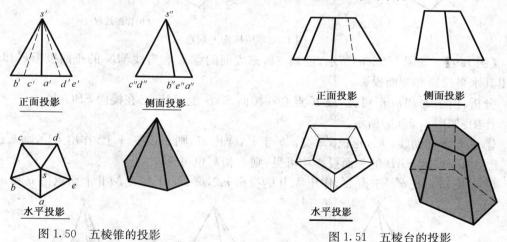

图 1.50　五棱锥的投影　　　　　　　　图 1.51　五棱台的投影

棱台的投影特征有一面投影为反映底面实形的 2 个正多边形(内含反映侧面的几个梯形),另外两面为梯形或梯形的组合。

1.2.3　知识拓展

解决平面体表面上的点和直线的问题时,首先要分析平面体的投影特征,判断点和直线在哪个平面上及其在该平面的投影。特殊位置平面上的点和直线,可直接利用积聚性作图。所求得的点和直线的可见性,可根据它们所在的表面或棱线是否可见而确定。

【例 1.8】　已知四棱柱及其表面上 A、B、C 3 点的一个投影,a′、(b′)和 c′,如图 1.52(a)所示,求作它们的另外两投影。

分析:四棱柱的上下底面为水平面,4 个棱面均为铅垂面,其中 P,Q 两棱面的正面投影可见，R,S 棱面的正面投影不可见；P,S 两棱面的侧面投影可见，Q,R 棱面的侧面投影不可见。因 a' 可见，故 A 位于 Q 面上；b' 不可见，故 B 在 S 面上；c'' 可见，故 C 在 P 面上。

作图：如图 1.52(b)所示。

①过 a' 向下作投影连线交 Q_H 于 a 点，由 a',a 可作出 a''。因 Q 面的侧面投影不可见，所以 a'' 不可见。

②过 (b') 向下作投影连线交 S_H 于 b 点，由 b',b 可求出 b''。因 S 面的侧面投影可见，所以 b'' 可见。

③由 c'' 向 P 面最前边的棱线量取 Y 坐标差 y_3，在水平投影中也从该棱投影量取 y_3 交 P_H 于 C 点，再由 c'' 和 c 求得 c'。因 P 面的正面投影可见，所以 c' 为可见。

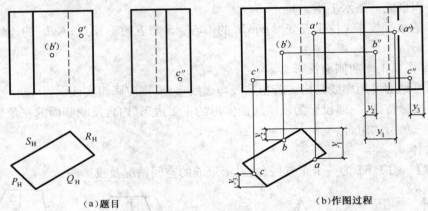

（a）题目　　　　　　　　　　　（b）作图过程

图 1.52　棱柱面上取点

【例 1.9】　如图 1.53(a)所示，已知三棱锥表面的点 K 和直线 MN 的正面投影 k' 和 $m'n'$，作出其水平投影和侧面投影。

分析：由于 k' 和 $m'n'$ 可见，故 K 点必在棱面 SAB 上，MN 必在棱面 SBC 上。

作图：如图 1.53(b)所示。

①过 k' 作辅助线 $s'k'$，延长 $s'k'$ 交 $a'b'$ 于 $1'$，作出 $s1$，则 k 必在 $s1$ 上；作出 $s''1''$，则 k'' 也必在 $s''1''$ 上。由于棱面 SAB 的三面投影均可见，则 k 和 k'' 也可见。

②延长 $m'n'$ 交 $b'c'$ 于点 $2'$，作出 $M\mathrm{II}$ 的投影 $m2,m''2''$，由 N 在 $M\mathrm{II}$ 上而求得 n 和 n''。

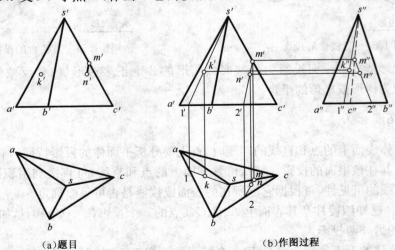

（a）题目　　　　　　　　　　　（b）作图过程

图 1.53　棱锥表面上的直线和点

由于棱面 SBC 的水平投影 sbc 可见,侧面投影 $s''b''c''$ 不可见,因此 mn 可见,画成粗实线,$m''n''$ 不可见,画成中虚线。

典型工作任务 3 柱类构件图的识读与绘制

1.3.1 工作任务

已知柱的两面投影(图 1.54),想象其空间形状,补画柱的第三面投影。

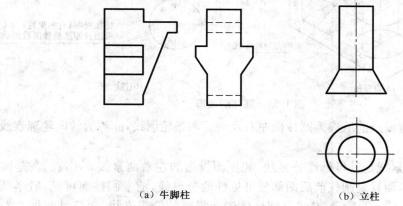

（a）牛脚柱   （b）立柱

图 1.54 柱的投影

1.3.2 相关配套知识

1. 曲面体的投影

曲面立体是由曲面或曲面和平面共同围成的立体。曲面可以看成是一条动线沿着一定的约束条件运动所形成的。该动线绕一固定的轴线旋转而形成的曲面,称为回转曲面,其中固定的轴线称为回转轴。由回转曲面或回转曲面和平面围成的立体称为回转体。曲面立体常见的基本形体有圆柱、圆锥、圆球、圆台等回转体。

（1）圆柱

当母线为直母线且平行于回转轴时,形成的曲面称为圆柱面;母线绕回转轴旋转到任意位置时,称为素线。将物体置于投影体系中,在投影时能构成物体轮廓的素线,称为轮廓素线。圆柱体由圆柱面和上下底面围成,母线两端点形成的大小相等的两个圆是圆柱的上下底面,如图 1.55 所示。

图 1.56 为圆柱的投影情况。

①形体分析

圆柱体由圆柱面和两个圆形的底面所围成。

②摆放位置

使其轴线垂直于水平面,则两底面平行于水平投影面。

③投影分析

当圆柱的轴线为铅垂线时,水平投影反映顶面和底面的实形,而圆柱侧面也垂直于水平投影面,其投影积聚为圆;圆柱体的正面和侧面投影为矩形,矩形的上下边为顶面和底面有积

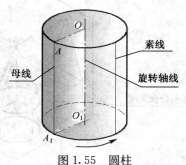

图 1.55 圆柱

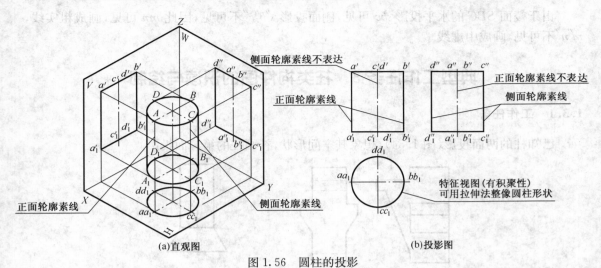

图 1.56　圆柱的投影

聚性的投影,而左右边以及前后边为圆柱面左右及前后两条轮廓线,亦称为转向轮廓素线。

④可见性判别

圆柱面上的轮廓素线是其可见性分界线,如正面投影的左右两素线 $a'a'_1$、$c'c'_1$ 是圆柱体正面投影的轮廓素线,而且是圆柱前后两部分可见性的分界线,前半圆柱面可见,后半圆柱面不可见;侧面投影的 $b''b''_1$、$d''d''_1$ 两素线是圆柱体侧面投影的轮廓素线,而且是圆柱左右两部分可见性的分界线,左半圆柱面可见,右半圆柱面不可见。

综上,圆柱的投影特征为一面投影为圆,另两面为全等的矩形。

(2)圆锥

圆锥面可看作直母线绕与它相交于一点的轴线回转而成,圆锥面上所有母线交于一点,称为锥顶,如图 1.57 所示。

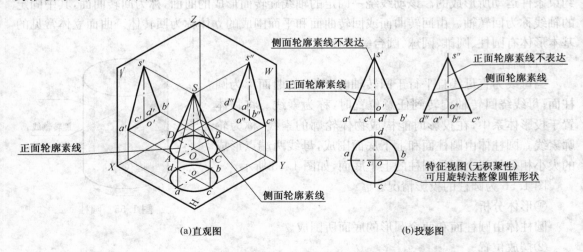

图 1.57　圆锥的投影

①投影分析

当圆锥的轴线垂直于 H 面,其底面圆是水平面,所以水平投影反映圆的实形,而正面和侧面投影积聚成直线;圆锥面的水平投影与底面圆的水平投影重合,正面和侧投影为三角形,其

中 $s'a'$、$s'c'$ 是左右转向素线 SA、SC 的正面投影,$s''b''$、$s''d''$ 是前后轮廓素线 SB、SD 的侧面投影。画投影图时,先画底面圆和锥顶的三面投影,然后再画出轮廓素线。

②可见性的判别

从图中可看出,水平投影:圆锥面是可见的,底面不可见;正面投影:左右轮廓素线为锥面前后可见与可见的分界线,前半个圆锥面可见,后半个圆锥面不可见;侧面投影:前后轮廓素线为锥面左右可见不可见的分界线,左半个圆锥面可见,右半个圆锥面不可见。

综上,圆锥的投影特征为一面投影为圆,另两面为全等的三角形。

(3)圆台

圆台是圆锥被平行于其底面的平面截切而形成的。

图 1.58 为圆锥台及其在三投影面上的投影,图 1.58(b)是它的三面投影图。

圆锥台的上、下两表面平行于 H 面,根据线、面的投影特点,即可分析出它们各自的三面投影。

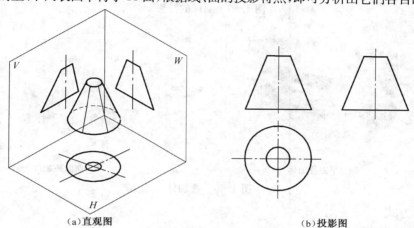

(a)直观图　　　　　(b)投影图

图 1.58　圆台的投影

综上,圆台的投影特征为一面投影为两个同心圆,另两面为全等的等腰梯形。

(4)圆球

圆球由球面围成。球面可看作是由圆绕其本身的直径旋转而成的。

①投影分析(如图 1.59)

圆球的三面投影都是与球直径相等的圆。它们分别是球面三个投影的轮廓素线。正面投影的轮廓素线是球面上平行于 V 面且最大圆的投影;水平投影的轮廓素线是球面上平行于 H 面且最大圆的投影;W 面投影的轮廓素线是球面上平行于侧面且最大圆的投影。画球的投影图时,应先画出各个投影图的中心线,然后再以球的直径作圆。

②可见性判别

水平投影的轮廓素线圆是球体上、下半球可见与不可见的分界线,上半球可见,下半球不可见;正面投影的轮廓素线圆是球体前、后半球可见与不可见的分界线,前半球可见,后半球不可见;侧面投影轮廓素线圆是球体左、右半球可见与不可见得分界线,左半球可见,右半球不可见。

综上,圆球的投影特征为三面投影都为等径圆。

2. 叠加体的投影

由多个形体合拢在一起即为叠加体,如图 1.60(a)中的形体可以看作由两个五棱柱和两个四棱柱叠加而成;图 1.60(b)为两个四分之一圆柱叠加而成。

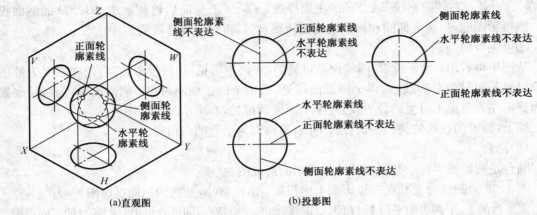

(a)直观图　　　　　　　　　　(b)投影图

图 1.59　圆球的投影

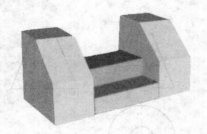

（a）平面叠加体　　　　　　　　　（b）曲面叠加体

图 1.60　叠加体

(1)叠加方式

①同轴叠加(图 1.61)

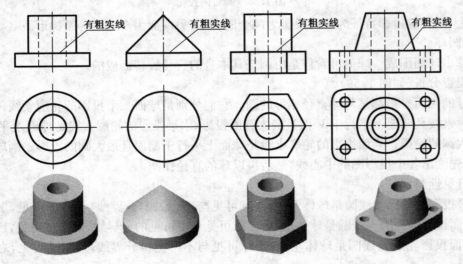

图 1.61　同轴叠加

特点:两回转体共轴。

投影特征:投影相对轴线具有对称性。

②对称叠加(图 1.62)

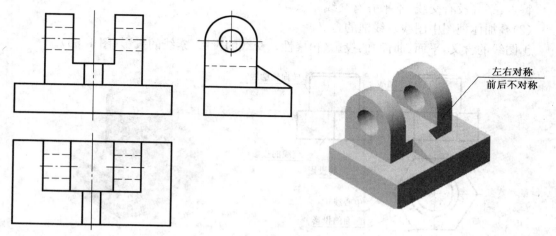

图 1.62　对称叠加

特点:基本体与基本体间具有对称面。

投影特征:投影相对对称面具有对称性。

③不对称叠加(图 1.63)

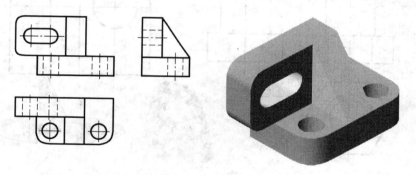

图 1.63　不对称叠加

特点:基本体与基本体间没有对称面。

投影特征:投影无对称性。

④叠加后表面平齐(或不平齐)(图 1.64)

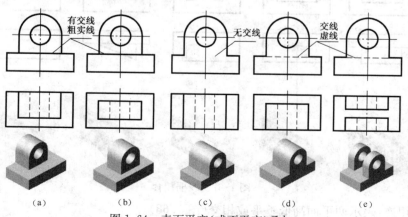

图 1.64　表面平齐(或不平齐)叠加

特点：平齐没有交线、不平齐有交线

（2）叠加体视图中图线及线框的含义

①图线的含义，平面（曲面）的投影（积聚性）、交线的投影、素线的投影（图1.65）。

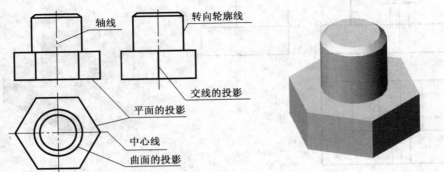

图1.65　图线的含义

②单一线框表示平面、曲面或平曲面相切（图1.66）。

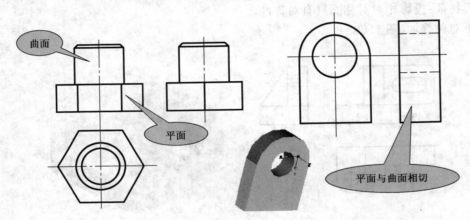

图1.66　单一线框

③线框相套：表示两面不平齐、倾斜或穿孔（图1.67）。

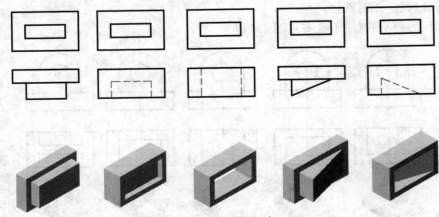

图1.67　线框相套

④线框相连：表示两平面高低不平或相交（图1.68）。

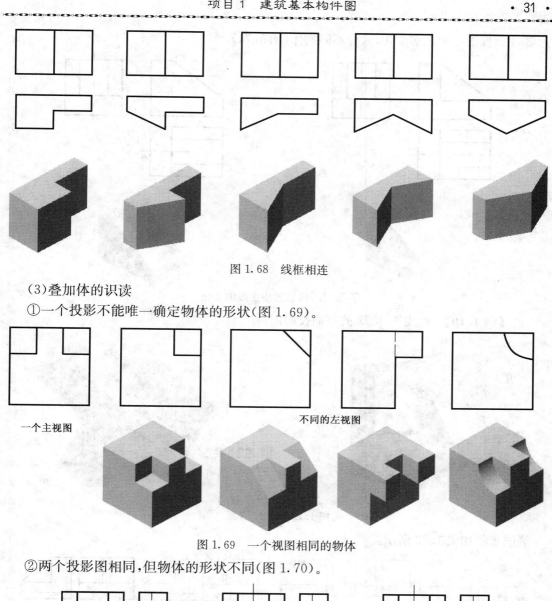

图 1.68　线框相连

（3）叠加体的识读

①一个投影不能唯一确定物体的形状（图 1.69）。

一个主视图　　　　　　　　　　　　不同的左视图

图 1.69　一个视图相同的物体

②两个投影图相同，但物体的形状不同（图 1.70）。

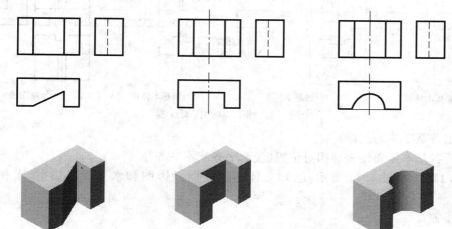

图 1.70　两个投影图相同的物体

③注意投影图中虚实变化,区分不同物体(图1.71)。

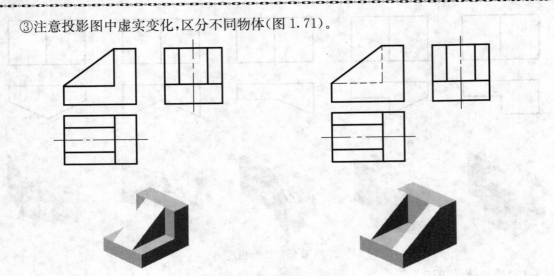

图1.71　投影图中虚线的变化

【例1.10】　画出图1.72的三面投影图。

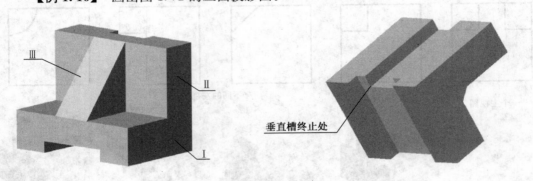

图1.72　例1.10图

画图步骤如图1.73所示:

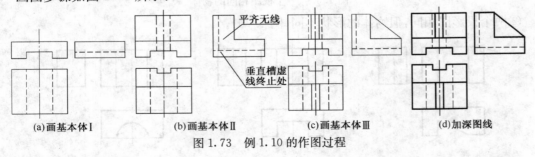

(a)画基本体Ⅰ　　　(b)画基本体Ⅱ　　　(c)画基本体Ⅲ　　　(d)加深图线

图1.73　例1.10的作图过程

①画出各基本体的投影。

②分析各基本体邻接表面相对位置(表面平齐或不平齐等)。

【例1.11】　如图1.74所示,已知立体的正立面投影图和水平面投影图,求作侧面投影图。

画图步骤:

①分析线框构思基本体空间形状如图1.75(a)所示。

②分析基本体邻接表面的相对位置(表面平齐或不平齐等),如图1.75(b)所示。

③补画叠加体侧面投影图,步骤如 1.76 所示。

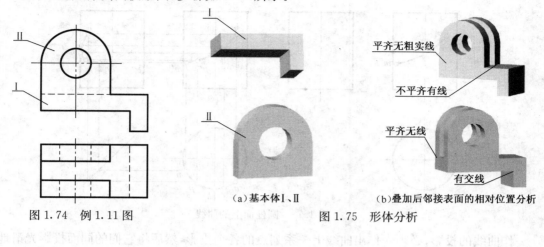

图 1.74 例 1.11 图

(a)基本体Ⅰ、Ⅱ   (b)叠加后邻接表面的相对位置分析

图 1.75 形体分析

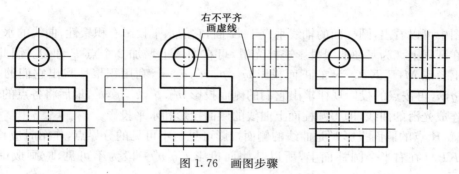

图 1.76 画图步骤

1.3.3 知识拓展

1. 圆柱体表面上取点、取线

在圆柱上取点时,若点在轮廓素线上,则点可按线上取点的原理,直接作出,如图 1.77 中的 N 点;若该点不在轮廓素线上,可以利用圆柱面投影有积聚性的圆来作图(当轴线垂直于投影面时)。

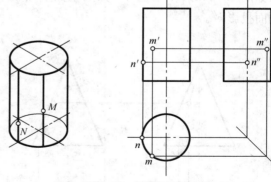

图 1.77 圆柱面上取点

如图 1.77 所示,已知圆柱面上 M 点的正面投影 m'(可见),求作水平投影 m 和侧面投影 m''。

从图中可以看出,该圆柱体的轴线垂直于 H 面,则其水平投影积聚为一个圆,M 点的侧面投影 m'' 必定在该圆的圆周上。由于 m' 可见,因此 M 点是在前半个圆柱面上,可直接在前半个圆周上找出 m。然后再根据 m' 和 m 求出侧面投影 m''。因为 M 点是在左半个圆上,所以 m'' 可见。

【例 1.12】 已知圆柱面上曲线的正面投影 $m'k'n'$,求出圆柱面上曲线的其余两面投影,如图 1.78 所示。

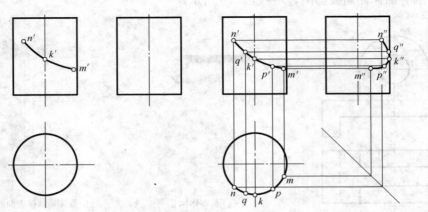

图 1.78 圆柱面上的曲线

作曲线的投影,必须先作出曲线上一系列点的各个投影,然后将它们的同面投影光滑地连成曲线。

由图中可以看出,圆柱面的轴线垂直于 H 面,它的水平投影有积聚性,曲线的水平投影必定积聚在圆周上。为了使曲线投影连接光滑,可在曲线上增加 2 个点 P 和 Q。因此,可以根据曲线上各点 M,P,K,Q,N 的正面投影 m',p',k',q',n',利用积聚性找出它们的水平投影 m,p,k,q,n,再按点的投影规律求出它们的侧面投影 m'',p'',k'',q'',n'',最后将各点的侧面投影按顺序连成光滑的曲线,即得圆柱面上曲线的侧面投影和水平投影。

注意,K 点的侧面投影 k'' 是曲线的侧面投影可见与不可见的分界点,作图时应首先求出。曲线段 KPM 在右半个圆柱面上,所以其侧面投影 $k''q''n''$ 一段为不可见,应画成虚线,如图 1.78 所示。

2. 圆锥表面上取点、取线

如图 1.79(a)、(b)所示,已知圆锥面上点 K 的正面投影 k'(可见),求 K 点的水平投影 k 及侧面投影 k''。

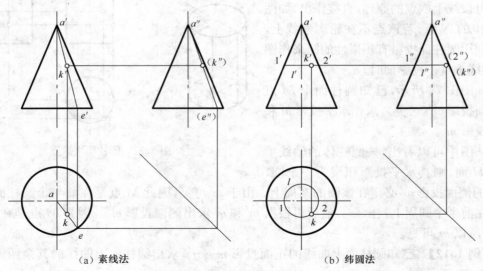

(a) 素线法   (b) 纬圆法

图 1.79 圆锥面上取点

圆锥面的各个投影都没有积聚性,所以在圆锥面上取点,必须要在圆锥面上作辅助线。作辅助线的方法有 2 种。

(1)素线法

过圆锥顶点 A 和点 K 作一素线交底面圆周于 E 点,如图 1.79(a)所示。求出素线 AE 的各个投影后,即可按直线上点的投影规律求出 K 点的水平投影和侧面投影。具体作图步骤如图 1.79(a)所示。首先连接 $a'k'$ 并延长得 $a'e'$,由 e' 在水平投影上得出 e,再根据 e' 和 e 求出 e'',然后连 ae 及 $a''e''$,并分别在其上求出 k 及 k''。

(2)纬圆法

如图 1.79(b)所示,通过 k 点在圆锥面上作一个平行于底面的圆 L(纬圆)。该圆的正面投影 l' 是过 k' 且与底面圆的正面投影平行的直线;水平投影 l 为直径等于 $1'2'$ 的圆;侧面投影 l'' 是与底面圆侧面投影平行的直线。纬圆的 3 个投影求出后,即可根据线上定点的原理求出 K 点的侧面投影 k'' 和水平投影 k。

【例 1.13】 已知圆锥面上曲线的正面投影 $a'b'c'$,求出曲线的其余两面投影,如图 1.80 (a)所示。

分析:为使曲线连接光滑,首先在 $a'b'c'$ 上再定出一些点,并利用在圆锥表面上取点的方法,作出曲线 ABC 上各点的其余投影,最后将各点的同面投影光滑地连成曲线即为所求。作图过程如图 1.80(b)所示。

①先求正面投影轮廓线上 A,C 两点的水平投影和侧面投影。根据轮廓素线各投影的对应关系,可直接求出水平投影 a,c 及侧面投影 a'',c''。B 点是在水平投影的轮廓素线上,所以由 b' 可以直接找出其水平投影 b,再由 b' 和 b 确定 b''。以上 3 点在轮廓素线上,称为特殊点,作图时须先求出。

②求一般点的投影,即在 $a'b'c'$ 上取点 D,E 的正面投影 d'',e',用过 D,E 两点在圆锥面上作纬圆的方法,求出 d'',e'' 及 d,e。

③按正面投影 $a'e'b'd'c'$ 的顺序将水平投影和侧面投影连成光滑的曲线 $aebdc$ 及 $a''e''b''d''c''$。

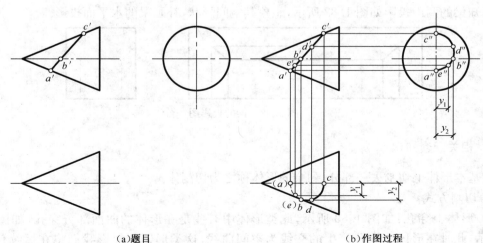

(a)题目　　　　　　　　　　　　　　(b)作图过程

图 1.80　圆锥面上取点作线

曲线上 AEB 在下半个圆锥表面上,因此,它的水平投影 aeb 不可见,应画成虚线,而曲线的侧面投影为可见。

3. 圆球表面上取点

如图 1.81(a)所示,已知球面上 K 点的水平投影 k(可见),求正面投影 k' 和侧面投影 k''。

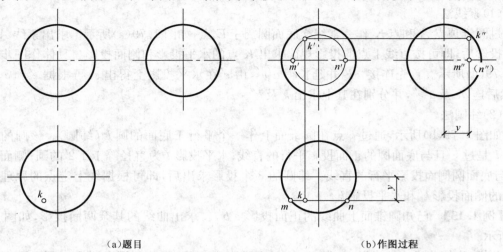

(a)题目   (b)作图过程

图 1.81   圆球体表面上取点

在球面上取点可以利用球面上平行于投影面的圆作为辅助圆来解决。如图 1.81(b)所示,过 K 点作一与正面平行的圆作为辅助圆,其水平投影为过 k 点的直线 mn,它们的正面投影是以 mn 为直径的圆,它们的侧面投影是平行于 Z 轴且与 mn 等长的线段。作出辅助圆的各投影后,就可求出 k' 和 k''。

辅助圆也可过 K 点作与水平面(或侧面)平行的圆,读者可自行分析作出。

典型工作任务 4   梁类构件图的识读与绘制

1.4.1   工作任务

已知梁的两面投影如图 1.82 所示,想象其空间形状,补画梁的水平面投影。

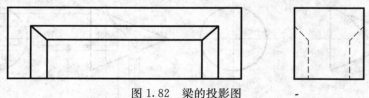

图 1.82   梁的投影图

1.4.2   相关配套知识

在基本形体上切割去一部分,剩余的形体称之为切割体。

1. 切割方式

(1)形体上穿孔:如图 1.83 所示,此类形体中有些是在形体的曲面部分穿孔,如图 1.83(b)所示,此时在形体上穿孔产生的交线为空间曲线,这类形体的投影我们将在后续任务中介绍。

(2)形体上切斜面:如图 1.84 所示,分别在九棱柱如图 1.84(a)所示和圆柱如图 1.84(b)所示上斜切去一部分,分别在形体上产生九边形如图 1.84(a)和椭圆如图 1.84(b)所示。

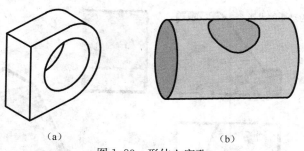

（a）　　　　　　　　　　　　　（b）

图 1.83　形体上穿孔

（3）形体上切槽：如图 1.85 所示，在形体上切去一部分产生缺口。

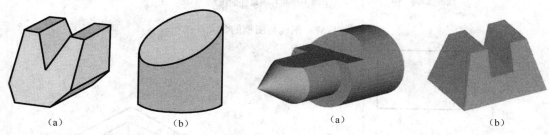

（a）　　　　　　（b）　　　　　　　　　　（a）　　　　　　　（b）

图 1.84　形体上切斜面　　　　　　　　　图 1.85　形体上切槽

2. 切割体视图中线及线框的含义

（1）洞或坑槽的投影如图 1.86 所示。

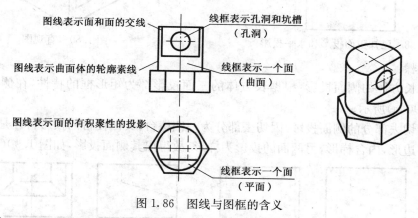

图线表示面和面的交线　　　　线框表示孔洞和坑槽（孔洞）

图线表示曲面体的轮廓素线　　　线框表示一个面（曲面）

图线表示面的有积聚性的投影　　线框表示一个面（平面）

图 1.86　图线与图框的含义

（2）形体上的类似形投影或积聚投影（如图 1.87 所示）。

3. 切割体的阅读

（1）基本体中切去基本体

根据已知投影的线框及基本体的投影特性，判断被切割的基本体的形状及切去部分基本体的形状，补画出基本体的投影即可。

【例 1.14】　如图 1.88 所示，已知立体的正面投影和水平面投影，求作侧面投影。

分析：图 1.88 所示立体的正面投影和水平投影的外轮廓为矩形，内部投影为虚线，可初步判断该立体为在长方体左上方切去一部分，又因为虚线所形成的框为梯形，可知切去一个四棱台，如图 1.89 所示。

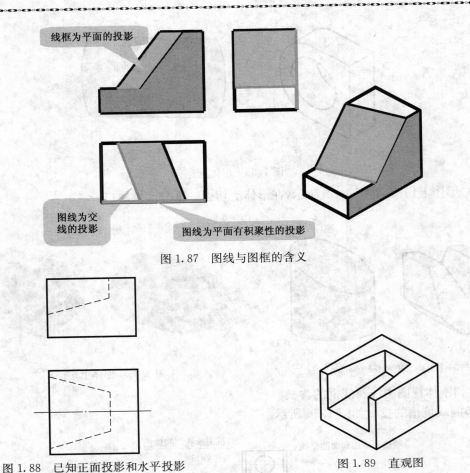

图 1.87　图线与图框的含义

图 1.88　已知正面投影和水平投影　　　　　　图 1.89　直观图

画图步骤：

①绘制长方体的侧面投影：根据长方体的三面投影都为矩形框的特性，在侧面绘制矩形框，如图 1.90(a)所示；

②绘制切去部分的侧面投影：因切去部分为一四棱台，又四棱台的投影特性是一面投影为两个相似多边形，内含梯形，另两面的投影为梯形，故得出其侧面投影，如图 1.90(b)所示。

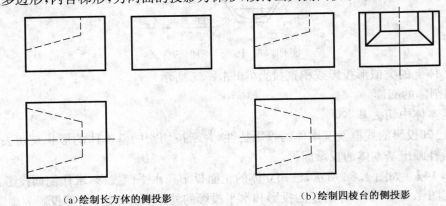

（a）绘制长方体的侧投影　　　　　　（b）绘制四棱台的侧投影

图 1.90　例 1.14 的作图步骤

（2）基本体中切去一部分产生斜面或缺口

　　根据已知投影的线框及基本体的投影特性,判断被切割的基本体的形状,再根据基本体被切割所产生的面的形状,判断该面的位置,并补画出所缺投影。

　　【例 1.15】　如图 1.91 所示,已知立体的正面投影图和侧面投影图,求作水平面投影图。

　　分析:根据已知投影图进行轮廓假想,可认为该立体没被切割前为"U"形柱,那么其三面投影及空间形状如图 1.92 所示;"U"形柱被切割后形体上产生的面 P,如图 1.93 所示在正面投影图上反映为一条斜线,可判断该面 P 与正投影面垂

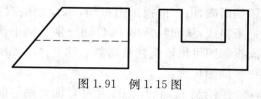

图 1.91　例 1.15 图

直,与侧投影面及水平投影面倾斜,又因为 P 面在左视图的投影为"U",可判断 P 面的空间形状为"U",如图 1.93(b)所示。

　　画图步骤:

　　①绘制基本体的投影:根据"U"形柱投影特性:一面投影为反映柱体底面的"U"形框,另两面为矩形框,绘制俯视投影为三个并列矩形框,如图 1.92(a)所示。

　　②绘制斜面的投影:切割后产生的斜面 P,由于 P 在正立面的投影和一条斜线,故 P 面为正垂面,并且 P 面的形状为"U",根据类似性,P 面的水平投影为类似形"U",如图 1.93(a)所示。

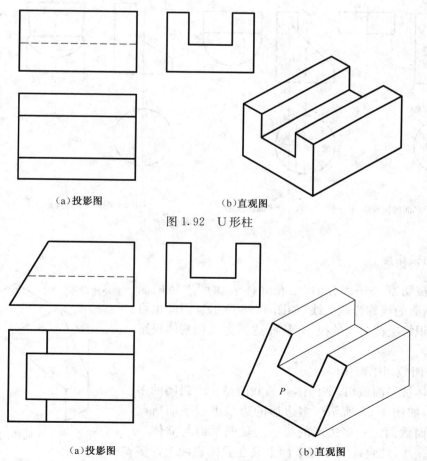

（a）投影图　　　　　　　　（b）直观图

图 1.92　U 形柱

（a）投影图　　　　　　　　（b）直观图

图 1.93　斜切 U 形柱

【例 1.16】　如图 1.94 所示,已知圆柱被切割后的正面投影图和水平投影图,求作侧面投影图。

分析:圆柱被切割后产生缺口,该缺口由两个相交平面 P、Q 切割而成,由正面投影图可知,P、Q 面的投影分别是一条竖线和一条斜线,从而判断出 P、Q 面分别是侧平面和正垂面,结合水平面投影图可得该圆柱被切割后的立体图如图 1.95(d)所示。

画图步骤:

①绘制 P 面的投影:因为 P 面是侧平面,并且 P 面的空间形状为矩形,因此 P 面侧面投影为反映实形的矩形框,如图 1.95(a)所示。

②绘制 Q 面的投影:因为 Q 面是正垂面,Q 面的水平投影和侧面投影为类似形,如图 1.94(b)所示,故 Q 面的侧面投影为部分椭圆与直线组成的闭合框,如图 1.95(b)所示。

③补全基本体的投影:补全未被切割到的圆柱的投影,如图 1.95(c)所示。

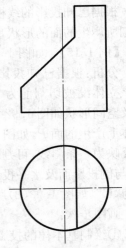

图 1.94　圆柱被切割

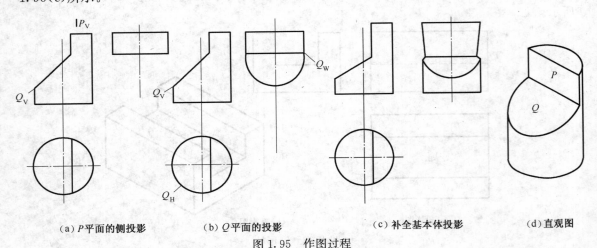

(a) P 平面的侧投影　　　(b) Q 平面的投影　　　(c) 补全基本体投影　　　(d) 直观图

图 1.95　作图过程

1.4.3　知识拓展

立体被切割去一部分后,会在立体表面产生新的断面,围成断面的线称为截交线(如图 1.96 所示),因此也可用以下知识解决截交线的投影,从而达到完成切割体投影的目的。

1. 平面截切平面体

平面体被平面截切,平面体上的截面是一个封闭的多边形平面,如图 1.96 所示。多边形的边数由截平面所截切到的棱面数而定。多边形的每一边是截平面与立体一个棱面的交线,此直线既在截平面上又在立体表面上。多边形上每一个顶点是截平面与平面体棱线的交点。

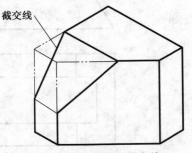

图 1.96　平面体的截交线

　　当截平面或棱面的某投影有积聚性时,则截交线的该投影为已知,于是求截交线便可归结为在直线上定点和在平面上取点、取线的问题而直接求出。截交线上各线段投影的可见性,可根据其所在棱面和截平面的同面投影的可见性而定。

　　【例 1.17】 三棱锥被正垂面 P_V 切去顶部,如图 1.97(a)所示,完成其三面投影。

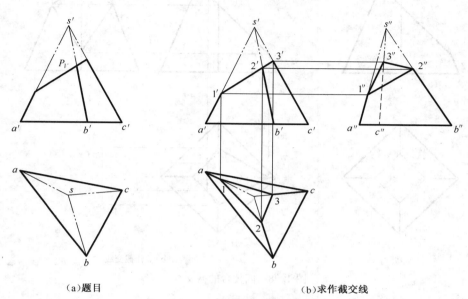

(a)题目　　　　　　　　　　　　　(b)求作截交线

图 1.97　三棱锥的截交线

　　由图 1.97(a)可知,截平面切到了三棱锥的 3 个棱面。因此,截交线为三角形,它的 3 个顶点为 3 条棱线与截平面 P 的交点。

　　因为 P 的正面投影有积聚性,故截交线的 V 面投影必积聚在 P_V 上,即根据棱线 Sa、Sb、Sc 与截平面 P 的 V 面投影可直接定出 $1'$、$2'$、$3'$。由此,按照点在直线上的作图方法,可求出交点的水平投影 1、2、3 和侧面投影 $1''$、$2''$、$3''$。于是得到截交线的水平投影三角形 123 和侧面投影三角形 $1''2''3''$,且均为可见,如图 1.97(b)所示。

　　【例 1.18】 求四棱台被截切后的三面投影,如图 1.98 所示。

　　截平面截切到了四棱台的 4 个棱面和顶面,故截交线应为五边形。由于它的 5 个顶点为 3 条棱线以及上底面两边线与截平面的交点,而且截平面为正垂面,所以五边形的正面投影为点 $1'$、$2'$、$(3')$、$4'$、$(5')$,如图 1.98(b)所示。

　　因为Ⅰ、Ⅱ、Ⅲ点在棱线上,所以可由点 $1'$、$2'$、$(3')$直接求出它们的侧面投影和水平投影。由 $4'$、$(5')$两点向下引垂线交于顶面两边线的水平投影于 4、5 两点,根据正面和水平面的两面投影可求出侧面投影上的点 $4''$、$5''$。依次连接各点的同面投影,即为四棱台的截交线,如图 1.98(b)所示。

　　【例 1.19】 已知 Z 形柱上部被正垂面切去一角,如图 1.99(a)所示,完成其侧面投影。

　　因为截平面切到了所有的棱面,故截交线为八边形(Z 形),它的 8 个拐点为 Z 形柱的 8 条棱线与截平面的交点。

　　截平面为正垂面,即截交线的正面投影为已知的一条斜线,由于棱面的水平投影有积聚性,则截交线的水平投影与各棱面的水平投影重合。截交线的侧面投影形状与水平投影形状类似,也是八边形。作图方法如图 1.99(b)所示。

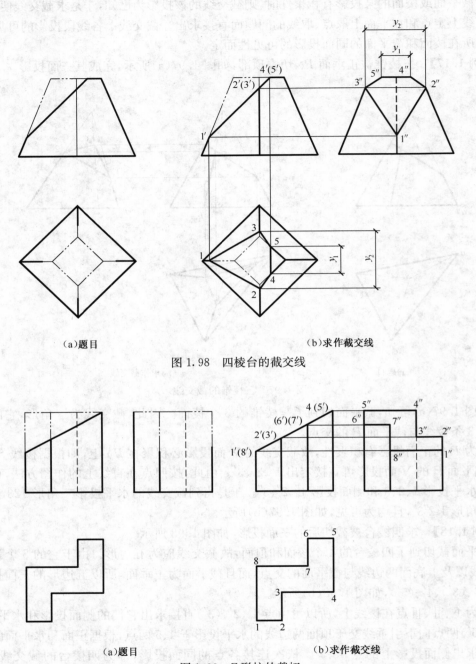

（a）题目　　　　　　　　　　　　　　　（b）求作截交线

图 1.98　四棱台的截交线

（a）题目　　　　　　　　　　　　　　　（b）求作截交线

图 1.99　Z形柱的截切

【例 1.20】　如图 1.100（a）所示，画全切口四棱锥的水平投影和侧面投影。

分析：四棱锥的切口，可以看做是由水平面 P 和正垂面 Q 截切而成的，因此，除了要分别求出 P、Q 两截平面与四棱锥表面的交线外，还要求出 P、Q 两截平面的交线。P、Q 两截平面的正面投影有积聚性，所以各棱线与截平面交点的正面投影可以直接得到，由此可求出它们的水平投影和侧面投影；P、Q 两截平面的交线与棱面的交点可用辅助线法求得。

作图：如图 1.100（b）所示。

①画出未截切时的四棱锥的侧面投影。

②由 $1'$、$7'$ 直接作出 1、7 和 $1''$、$7''$。由 $2'$、$5'$、$8'$、$6'$ 作出 $2''$、$5''$、$8''$、$6''$，然后求出 2、5、8、6（也可以作辅助线先求水平投影）。

③由 $3'$、$4'$ 通过作辅助线求出 3、4，然后求出 $3''$、$4''$。

④依次连接同投影面的各点，水平投影及侧面投影分别为 1-2-3-8-7-6-4-5-1 和 $1''$-$2''$-$3''$-$8''$-$7''$-$6''$-$4''$-$5''$-$1''$。两截面交线的水平投影 3-4 是不可见的，用虚线表示。

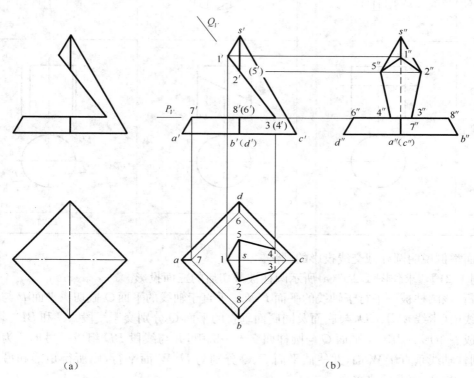

图 1.100　四棱锥的截切

2. 平面截切曲面体

平面截切曲面体，其截交线为封闭的平面曲线，或平面曲线与直线组成的封闭的平面图形，如图 1.101 所示，有时也可以是平面多边形。由于截交线上所得点都是截平面与立体表面的公有点，因此，求作曲面体截交线的投影可归结

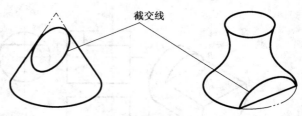

图 1.101　曲面体的截交线

为求一系列公有点的投影。当截交线的投影为直线或圆时，则无需求许多公有点。总之，曲面体截交线的性质及投影形状取决于曲面体本身的形状及截平面与曲面体轴线的相对位置，因此，在求作截交线的投影之前应先判断截交线的性质和投影形状。

本节主要介绍几种常见的回转体截交线的性质及投影画法。

（1）圆柱的截交线

当截交线与圆柱轴线平行、垂直、倾斜时，截交线分别为矩形、圆、椭圆，如表 1.8 所示。

表 1.8　圆柱体的截交线

截平面位置	平行于柱轴	垂直于柱轴	倾斜于柱轴
立体图			
投影图			
截交线	矩形	圆	椭圆

下面举例说明圆柱截交线投影的画法。

【**例 1.21**】　求作图 1.102(a)所示圆柱被截切后的三面投影。

分析:该圆柱被一平行于轴线的平面 P 及一垂直于轴线的平面 Q 截切。平面 P 与圆柱面交于两线段(素线)AB、CD,与底面及同底面垂直的平面 Q 分别交于线段 AC 和 BD。这 4 条线段组成一矩形 $ABDC$。平面 Q 与圆柱面交于一圆弧,并与线段 BD 组成一弓形。为便于作图,使圆柱轴线垂直于 W 面,并使截平面 P、Q 分别与 H、W 面平行,则所得矩形和弓形截面分别在 H 和 W 面上反映实形。

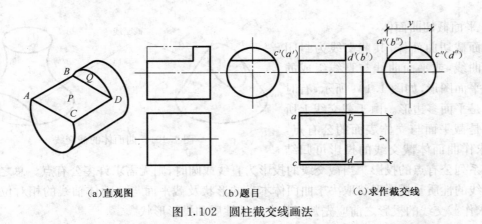

(a)直观图　　　　　　　(b)题目　　　　　　　(c)求作截交线

图 1.102　圆柱截交线画法

作图:如图 1.102 所示。

①画出完整圆柱的三面投影,并作出截面 P、Q 在正面投影中有积聚性的投影以及截面 P 在侧面投影中有积聚性的投影。在正面投影中,圆柱被切去部分的轮廓线用双点画线表示,如

图 1.102(b)所示。

②根据平面 P 在圆柱面上截出的两线段 AB、CD 在侧面投影中有积聚性的投影,量取其宽度尺寸 y,作出其水平投影 ab、cd,并连接 bd(Q 平面有积聚性的投影),从而完成作图,如图 1.102(c)所示。

【例 1.22】 求作斜切圆柱的截交线,如图 1.103 所示。

分析:因为截平面 P 倾斜于圆柱的轴线,故圆柱面上的截交线为椭圆。圆柱轴线垂直于 H 面,截平面垂直于 V 面,截交线(椭圆)的水平投影积聚在圆柱面的水平投影圆周上,正面投影积聚成一直线段,侧面投影为小于实形的椭圆。通过求出截平面 P 与圆柱面的共有点(圆柱素线与平面 P 的交点)的侧面投影,即可以光滑连接成截交线椭圆的侧面投影。

作图:如图 1.103 所示。

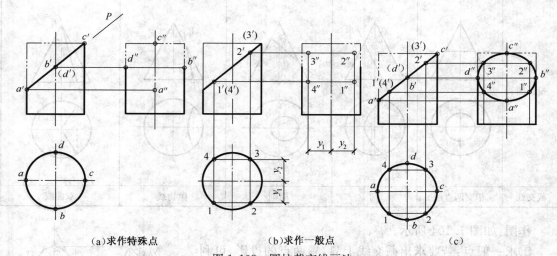

(a)求作特殊点   (b)求作一般点   (c)

图 1.103 圆柱截交线画法

①求作椭圆上的特殊点,如图 1.103(a)所示。特殊点是指截交线上各方向的极限点、轮廓素线上的点等。按轮廓素线的投影对应关系,根据各点的正面投影 a'、b'、c'、d',可直接求出其侧面投影 a''、b''、c''、d''。a''、b'' 与 c''、d'' 分别是椭圆侧投影的长轴与短轴的端点,A 是最低和最左点,C 是最高和最右点。

②求作椭圆上的一般点,如图 1.103(b)所示。为了准确的画出曲线,还需增求些一般点。本例是在 P_V 上取重影点的投影 $1'$、$(4')$ 和 $2'$、$(3')$,按投影关系在水平投影圆周上得到 1、4 和 2、3,然后,再根据 y 坐标求出侧面投影 $1''$、$4''$ 和 $2''$、$3''$。

③依次光滑连接 a''、$1''$、b''、…、$4''$、a'',即为截交线椭圆的侧面投影。再将侧面投影的两轮廓素线分别从下底面延至 b''、d'' 两点,从而完成作图,如图 1.103(c)所示。

(2)圆锥的截交线

平面与圆锥相交时,根据截平面与圆锥轴线的相对位置不同,截交线有 5 种情况,如表 1.9 所示。

当圆锥的截交线为圆和直线时,其投影可直接画出;若截交线为椭圆、抛物线、双曲线时,其投影需利用圆锥表面取点的方法求得。

【例 1.23】 求正垂面 P 截切圆锥后截交线的三面投影,如图 1.104 所示。

分析:圆锥被一正垂面斜切,对照表 1.9 可知截交线为一椭圆。其正面投影积聚为一直线,水平投影和侧面投影均为椭圆,但不反映实形。

表 1.9　圆锥的截交线

截平面位置	过锥顶	垂直于锥轴	倾斜于锥轴,并与所有素线相交	倾斜于锥轴,并平行于一条素线	倾斜于锥轴,并平行于两条素线
立体图					
投影图					
截交线	相交两直线	圆	椭圆	抛物线	双曲线

作图:如图 1.104 所示。

①求一般点:若要求出截交线上Ⅶ,Ⅷ两点的投影,可利用纬圆法或素线法,图中采用纬圆法。

②依次连接各点的水平投影和侧面投影,即得截交线的三面投影图。

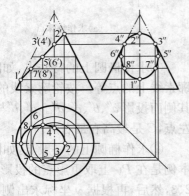

图 1.104　正垂面截切圆锥

【例 1.24】　已知图 1.105(a)所示切口圆锥的正面投影,求作其他两面投影。

分析:圆锥的切口可以看成是由一个水平面 P 和一个正垂面 R 相交截切圆锥形成的。水平面 P 垂直于圆锥轴线,与锥面的截交线为水平圆;正垂面 R 与圆锥轴线斜交,与锥面的截交线为椭圆。所以切口由一部分圆和一部分椭圆组成。根据切口的正面投影,圆的部分可以直接作出,椭圆部分可以利用纬圆法来作图。

作图:如图 1.105 所示。

①延长 P_V 与右侧轮廓素线相交,并作 P_W 与圆锥面侧面投影相交,分别得截交线的正面、侧面有积聚性的投影,以其长为直径在水平投影上作底面的同心圆,得截交线的水平投影,如图 1.105(b)所示。

②延长 R_V 与左侧轮廓素线相交,1′-2′为截交线椭圆的正面投影及长轴的实长,其中点(3′)、4′为椭圆短轴的正面投影,(5′)、6′为侧面轮廓素线上点的正面投影。轮廓素线上各点

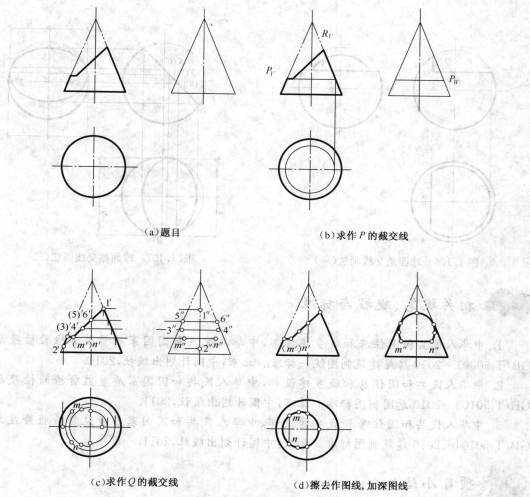

（a)题目   （b)求作 P 的截交线

（c)求作 Q 的截交线   （d)擦去作图线，加深图线

图 1.105 带切口的圆锥

Ⅰ、Ⅱ、Ⅴ、Ⅵ和 MN 的其余两面投影可以直接作出，点Ⅲ，Ⅳ和其他中间点的另外两面投影需利用纬圆法或素线法求作。依次连接各点的同面投影并加深侧面投影中 5″、6″以下的轮廓素线和底圆，即得带切口圆锥的水平投影和侧面投影，如图 1.105(d)所示。

（3)球的截交线

任意位置的截平面与球面的截交线都是圆。当截平面平行于投影面时，截交线圆在该投影面上的投影反映实形。如图 1.106 所示为截平面 P、Q 分别平行于 H、W 面时，球面截交线（圆弧）的三面投影。

当截平面倾斜于投影面时，截交线圆在该投影面上的投影为椭圆。如图 1.107 所示是球被正垂面截切后的三面投影的画法。Ⅰ、Ⅴ 和Ⅲ、Ⅶ 两对点是截交线圆上相互垂直的两直径的端点，其中Ⅰ、Ⅴ 在平行于正立投影面上的大圆上。这 2 对点的水平投影面和投影面的投影 1、5、3、7 及 1″、5″、3″、7″分别是截交线的投影椭圆的长、短轴的端点。Ⅱ、Ⅷ和Ⅳ、Ⅵ 2 对点分别是平行于水平投影面和侧面投影面的大圆上的点。所有这些点的投影都可由投影对应关系及纬圆法求出，然后依次连接，即可完成截交线的投影。最后把球被切去部分的投影轮廓线画成双点画线（表示假想投影）或不画出，如图 1.106、图 1.107 所示。

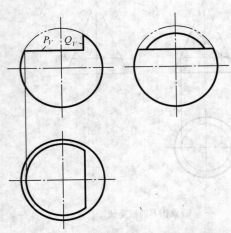

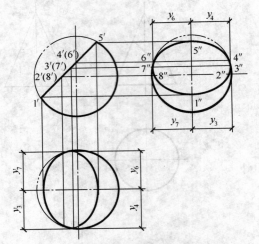

图 1.106　球面截交线画法(一)　　　　　图 1.107　球面截交线画法(二)

 相关规范、规程与标准

1. 中华人民共和国住房和城乡建设部,中华人民共和国国家质量监督检验检疫总局. GB/T 50001—2010 房屋建筑制图统一标准.北京:中国计划出版社,2011.

2. 中华人民共和国住房和城乡建设部,中华人民共和国国家质量监督检验检疫总局. GB/T 50103—2010 总图制图标准.北京:中国计划出版社,2011.

3. 中华人民共和国住房和城乡建设部,中华人民共和国国家质量监督检验检疫总局. GB/T 50104—2010 建筑制图标准.北京:中国计划出版社,2011.

 项目小结

本项目以完成建筑墙类、板类、柱类、梁类等基本构件的三视图为载体,以工作过程为导向组织教学,以技能训练带动制图国标、投影的基本原理、基本体、叠加体、切割体等知识点的学习;在项目的完成过程中让学生掌握吸收投影知识、制图标准等知识,岗位技能应在学生动手实干过程中也逐步形成。

 复习思考题

1. 制图国标规定的标准图幅有几种。

2. 横式幅面的 A3 图幅大小为多少?

3. 5 号字的字高是多少?

4. 工程字书写的要求是什么?

5. 叠加体的组合形式有哪些,请举例说明。

6. 绘制切割体的投影图需注意哪些内容。

项目 2 建筑组合构件图

项目描述

"建筑组合构件图"是本课程项目化教学的递进阶段,通过该项目的学习训练,使学生熟练地运用投影理论识读和绘制相交类或综合类建筑复杂构件以及剖断面图。

拟实现的教学目标

1. 能力目标

能想象出建筑组合构件空间形状并识读与绘制其三视图、轴测图及剖断面图。

2. 知识目标

能够想象出楼梯类、屋面类、基础类等构件的空间形状;能应用投影理论绘制建筑组合构件的三面投影图;能够识读组合体的投影图;能够绘制组合体的三面投影图;能识读与绘制建筑组合构件的剖、断面图。

3. 素质目标

通过阅读建筑组合构件图,培养学生分析问题的能力;通过完成楼梯、屋面、基础构件图的任务,培养学生小组协作能力;通过绘制楼梯轴测图,屋面三视图及基础剖面图,培养学生一丝不苟的工作作风。

典型工作任务 1 楼梯类构件图的识读与绘制

2.1.1 工作任务

1. 已知台阶的立体图,如图 2.1,按 1∶1 的比例绘制其三视图,并标注尺寸。
2. 已知楼梯的两面投影,如图 2.2,补画其侧面投影,并完成其轴测图。

2.1.2 相关配套知识

1. 轴测投影图

(1)轴测投影的基本知识

①轴测投影图的形成

如图 2.3 所示,将物体连同确定其长、宽、高方向的空间直角坐标系,沿不平行于任一坐标平面的方向 S,用平行投影法将其投射在投影面 P 上所得图形为轴测投影图,简称轴测图,投影面 P 称为轴测投影面。

②轴间角和轴向伸缩系数

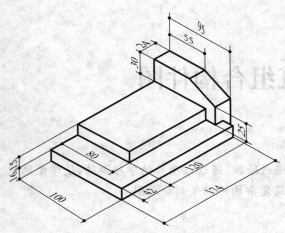

图 2.1　楼梯立体图

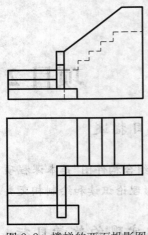

图 2.2　楼梯的两面投影图

　　如图 2.3 所示,空间直角坐标系 OX、OY、OZ 在轴测投影面 P 上的投影 O_1X_1、O_1Y_1、O_1Z_1 称为轴测轴。相邻两轴测轴之间的夹角 $\angle X_1O_1Y_1$、$\angle X_1O_1Z_1$、$\angle Y_1O_1Z_1$ 称为轴间角。轴测轴上的线段与坐标上对应线段的长度之比,称为轴向伸缩系数。

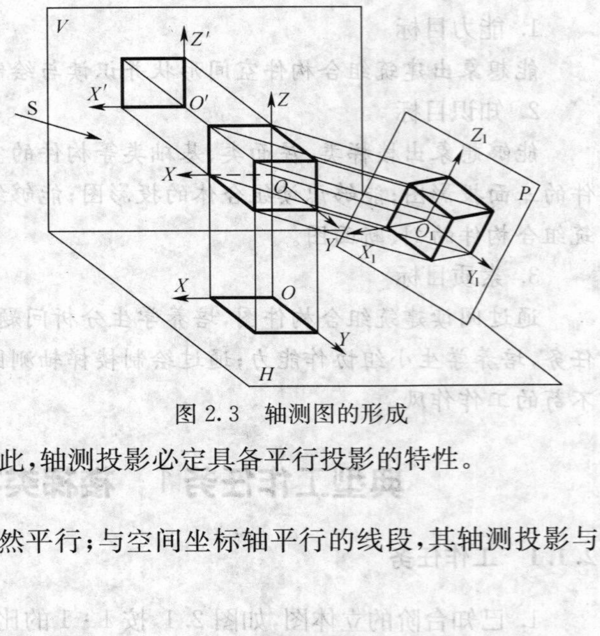

　　X 轴的轴向伸缩系数 $p=O_1X_1/OX$;Y 轴的轴向伸缩系数 $q=O_1Y_1/OY$;Z 轴的轴向伸缩系数 $r=O_1Z_1/OZ$。

　　③轴测投影的性质

图 2.3　轴测图的形成

　　由于轴测投影采用的是平行投影法,因此,轴测投影必定具备平行投影的特性。

　　a. 平行性

　　形体上相互平行的线段,其轴测投影仍然平行;与空间坐标轴平行的线段,其轴测投影与相应的轴测轴平行。

　　b. 定比性

　　形体上成比例的平行线段,其轴测投影仍成相同比例;与空间坐标轴平行的线段,其轴测投影的变化率与相应轴测轴的轴向变化率相同。

　　由此,凡与坐标轴平行的线段,其轴测投影不但与相应的轴测轴平行,且可直接度量尺寸,与坐标轴不平行的线段,则不能直接量取尺寸。

　　④轴测图的分类

　　轴测图按投影法不同,即平行正投影或平行斜投影可分为正轴测投影和斜轴测投影两类。它们各自又可根据其轴间角和轴向伸缩系数的不同,分为若干种。

　　a. 常用正轴测投影

　　形体上的三个方向坐标轴均倾斜于轴测投影面 P,用平行正投影法进行投射。

　　(a)正等轴测投影,轴向伸缩系数 $p=q=r$。

　　(b)正二等轴测投影,轴向伸缩系数 $p=r=1,q=0.5$;$q=r=1,p=0.5$。

b. 常用斜轴测投影

(a)形体上的某一坐标面平行于轴测投影面 P，用平行斜投影法进行投射。

(b)立面斜轴测投影轴向伸缩系数 $p=r=1,q=0.5$ 或 $q=1;q=r=1,p=0.5$ 或 $p=1$。

(c)水平斜轴测投影常用的轴向伸缩系数 $p=q=1,r=0.5$ 或 $r=1$。

(2)正等轴测投影

①轴间角和各轴向伸缩系数

a. 轴间角

正等轴测图中，要使三个轴的轴向伸缩系数都相等，必须使确定物体空间位置的三个坐标轴与轴测投影面的倾角都相等，如图 2.4 所示，投射后，轴间角 $\angle X_1O_1Y_1=\angle X_1O_1Z_1=\angle Y_1O_1Z_1=120°$。

b. 轴向伸缩系数

正等轴测图各轴的轴向伸缩系数都相等，由理论证明可知：$p=q=r\approx0.82$（证明从略）。即在画图时，物体长、宽、高 3 个方向的尺寸要缩小，约为原尺寸的 0.82 倍。

为了方便作图，通常采用简化的轴向伸缩系数 $p=q=r=1$。即作图时，沿各轴向量取的长度等于物体上相应轴向线段的实长。这样画出的正等轴测图，沿各轴向长度都较物体的真实投影放大了 1.22 倍（$1:0.82\approx1.22$），但这并不影响物体的形状。

画轴测图时，通常将轴测轴 O_1Z_1 竖直放置，如图 2.5 所示。

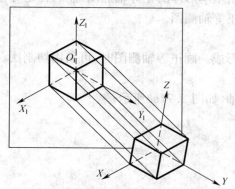

图 2.4   正等轴测图的形成

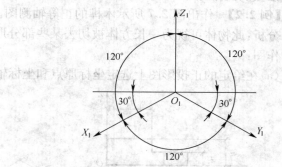

图 2.5   正等轴测图的轴间角

②平面体正等轴测图的画法

a. 坐标法

画平面体正等轴测图的基本方法是坐标法，根据平面体各角点的坐标或尺寸，沿正等轴测轴，按简化的轴向伸缩系数，逐点画出，然后依次连接，即得到平面体的正等轴测图。

因轴测图一般只用做多面正投影图的辅助图样，所以，在轴测图中，不可见的轮廓线（虚线）一般不画出。

【例 2.1】 画 2.6 图所示正六棱柱的正等轴测图。

分析：由于六棱柱的前后、左右都有对称轴线，故可把原点设在顶面的中心处。

作图：

(a)在六棱柱的三面投影图上选定坐标轴，取顶面中心作为坐标原点，如图 2.6(a)所示；

(b)作正等轴测轴，在 X_1、Y_1 上定出相应的点 1、4 和 7、8，如图 2.6(b)所示；

(c)分别过 7、8 作 X_1 轴的平行线，定出点 2、3 和 5、6，并画出可见的高度线，如图 2.6(c)所示；

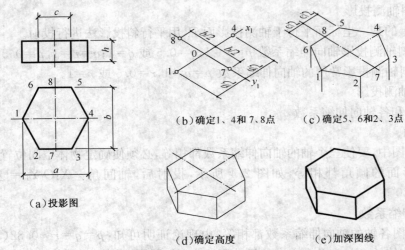

（b）确定1、4和7、8点　　（c）确定5、6和2、3点

（a）投影图

（d）确定高度　　　　　　（e）加深图线

图 2.6　六棱柱的正等轴测图的画法

(d)量取高度 h，画底面的可见轮廓，如图 2.6(d)所示；

(e)加深，如图 2.6(e)所示。

b. 切割法

对于能从基本形体切割得到的物体，可以先画出基本形体的正等轴测图，然后在正等轴测图中把应该去掉的部分切去，从而得到切割形体的正等轴测图。

【例 2.2】　作出图 2.7 所示木榫的正等轴测图。

分析：此物体可视为一长方体被切去某些部分形成。画正等轴测图时，可采用切割法。

作图：

(a)在给定的正投影图上选定坐标原点和坐标轴，如图 2.7(a)所示；

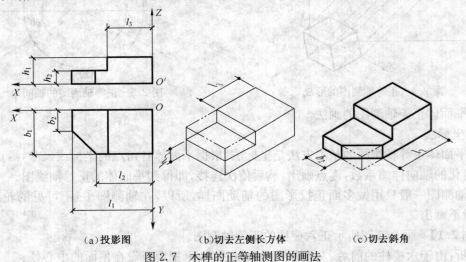

（a）投影图　　　　（b）切去左侧长方体　　　（c）切去斜角

图 2.7　木榫的正等轴测图的画法

(b)根据尺寸 l_1、b_1、h_1 作出完整的长方体的正等轴测图，如图 2.7(b)所示；

(c)根据尺寸 l_3、h_2，应用"平行性"，完成立体左上部切去一块的正等轴测图，如图 2.7(b)所示；

(d)根据尺寸 l_2、b_2，画出切去左前一角的正等轴测图，如图 2.7(c)所示；

(e)擦去多余图线，加深可见轮廓线，完成木榫的正等轴测图。

c. 叠加法

若组合体是叠加而成的,画此类组合体的正等轴测图时,应将其分为几个部分,并先后画出各部分的正等轴测投影。

【例 2.3】 作出图 2.8(a)所示挡土墙的正等轴测图。

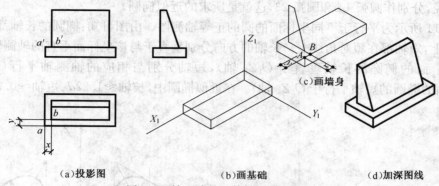

（a）投影图　　　　　　　　　　（b）画基础　　　　　　　（d）加深图线

图 2.8　挡土墙的正等轴测图的画法

分析:挡土墙可分为基础和墙身两个部分。

作图:

(a)画出基础(长方体的正等轴测投影),如图 2.8(b)所示;

(b)画墙身,根据基础上的一点 A,确定墙身上一点 B 的位置,如图 2.8(c)所示;

(c)根据 B 点作出墙身端面的正等轴测投影,然后画出墙身;

(d)擦去多余图线,加深可见轮廓线,完成挡土墙的正等轴测图,如图 2.8(d)所示。

(3)曲面体正等轴测图的画法

①平行于坐标面的圆的正等轴测图

与投影面平行的圆和圆弧,在正等轴测图中成为椭圆或椭圆弧。由于 3 个坐标平面与轴测投影面倾角相等,因此,3 个方向的椭圆作法相同。

现以水平圆为例,说明圆的正等轴测图的画法。

a. 坐标法

以圆心 O 作为坐标原点,并定出圆周上若干点的坐标,如图 2.9(a)所示。

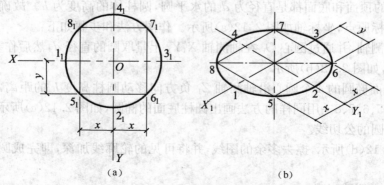

（a）　　　　　　　　　　　　　（b）

图 2.9　坐标法画椭圆

原点定出后,画出正等轴测轴 O_1Y_1,O_1X_1,如图 2.9(b)所示。在轴上用圆的半径截取 1、2、3、4 点,再量取 y,作线平行于 X_1 轴,用 x 坐标定出 5、6 两点,利用椭圆的对称性定出 7、8 两点。最后将各点用光滑曲线连成椭圆。

b. 近似画法(四心圆弧法)

如图 2.10 所示,先画出圆的外切正方形的正等轴测图——菱形 abcd,连接两锐角顶角 a、c,从钝角顶点 b 向对边中点 3、4 连线,与 ac 交于 O_3、O_4。b、d、O_3、O_4 点即为椭圆近似画法的 4 个圆心。先分别以 b、d 为圆心,b3 为半径,分别作圆弧 34 和圆弧 12;再以 O_3、O_4 为圆心,$O_3 4$ 为半径,分别作圆弧 14 和圆弧 23,这就是所求的近似椭圆。

图 2.11 所示为平行于不同坐标面的圆的正等轴测图。由图可知:椭圆的长轴都在菱形的长对角线上,短轴都在短对角线上。长轴的方向分别垂直于与该坐标面垂直的轴测轴(如平行于 $X_1 O_1 Y_1$ 面的椭圆的长轴垂直于 $O_1 Z_1$ 轴),短轴分别与相应的轴测轴平行(如平行于 $X_1 O_1 Y_1$ 面的椭圆的短轴平行于 $O_1 Z_1$ 轴)。在近似椭圆中,长轴 $\approx 1.22d$、短轴 $\approx 0.7d$(d 为圆的直径)。

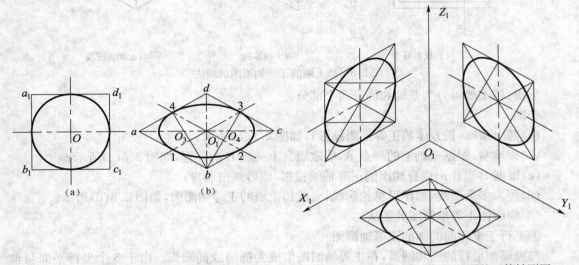

图 2.10　近似画法画椭圆　　　　　　图 2.11　平行于各坐标面的圆的正等轴测图

如果立体上的圆不平行于坐标平面,则不能用四心圆弧法作圆的正等轴侧图,但可采用坐标法作。

2. 圆柱体的正等轴测图

直立圆柱的顶面和底面都是直径为 d 的水平圆,圆柱体的高度为 h。故确定圆柱顶面圆的圆心 O 为坐标原点,坐标轴如图 2.12(a)所示。作图方法和步骤如下:

a. 画出轴测轴,并通过圆心 O_1 在轴测轴 $X_1 Y_1$ 上量取圆的直径 d,然后作菱形,画出顶圆的正等测椭圆,如图 2.12(b)所示。

b. 将画顶面椭圆的 4 个圆心沿轴测轴 Z_1 负方向移动圆柱高度 h 的距离,即得画底面椭圆的 4 个圆心 5、6、7、8。用同样的方法画出圆柱底面的椭圆,如图 2.12(c)所示。

c. 作两椭圆的公切线。

d. 如图 2.12(d)所示,擦去多余的图线,并将可见的轮廓线加深,即完成圆柱体的正等轴测图。

3. 圆台的正等轴测图

圆台的作图方法及步骤如下:

a. 定坐标轴,如图 2.13(a)所示。

b. 作位于 YOZ 坐标内的左、右两底面的轴测图(椭圆),如图 2.13(b)所示。

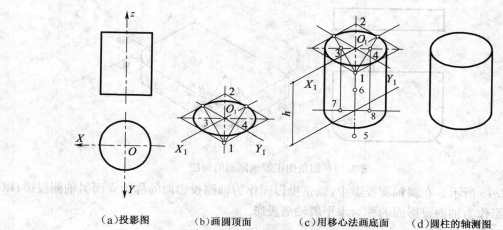

（a）投影图　　　（b）画圆顶面　　　（c）用移心法画底面　　　（d）圆柱的轴测图

图 2.12　圆柱体的正等轴测图的画法

　　c. 作椭圆的公切线，如图 2.13(c) 所示。

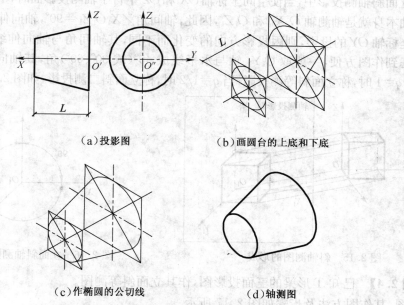

（a）投影图　　　　　　　　（b）画圆台的上底和下底

（c）作椭圆的公切线　　　　　（d）轴测图

图 2.13　圆台的正等轴测图的画法

　　d. 整理、加深，如图 2.13(d) 所示。

　　4. 圆角的正等轴测图

　　如图 2.14 所示，带有圆角的底板，其圆角的正等轴测图的作图方法及步骤如下：

　　a. 画出不带圆角底板的正等轴测图，然后从顶点 C 向两边量取半径 R，得切点 A、B；

　　b. 过 A、B 点作边线的垂线，交点即为圆心 1，以圆心至切点的距离为半径，作弧便是圆角的正等轴测图；

　　c. 画底板下表面的 DE 弧，可将圆心和切点向下移动底板厚度画出；

　　d. 右边圆角画法与左边相同，但是须注意半径的变化。

　　(4)斜轴测投影

　　形体上的某一坐标面平行于轴测投影面，而使投影方向倾斜于投影面，即得斜轴测投影

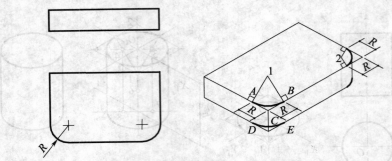

图 2.14　圆角的正等轴测图的画法

图,如图 2.15 所示。在斜轴测投影中,以正投影面作为轴测投影面的称为立面斜轴测投影;以水平面投影作为轴测投影面的称为水平斜轴测投影。

①立面斜轴测投影

a. 立面斜轴测投影的轴间角和轴向伸缩系数

在立面斜轴测投影中,当使空间坐标轴 OX 和 OZ 平行于轴测投影面时,不论投影方向如何,两坐标轴本身就是轴测轴 O_1X_1 和 O_1Z_1,因此,轴间角 $\angle X_1O_1Z_1=90°$,轴向伸缩系数 $p=r=1$。而空间坐标轴 OY 的投影,则因投影方向的变化而不同,其轴间角与轴向伸缩系数也无制约关系。考虑到作图方便,一般取 O_1Y_1 轴与水平线成 45°(或 30°、60°)角,其轴向伸缩系数取 1 或 1/2。当 $q=1$ 时,称立面斜等测投影;当 $q=1/2$ 时,称立面斜二测投影,如图 2.16 所示。

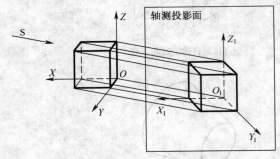

图 2.15　斜轴测图的形成

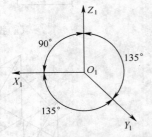

图 2.16　立面斜轴测图的轴间角

【例 2.4】　已知 T 形梁的三面投影图,作其立面斜等测图。

作图:其作图方法及步骤如图 2.17 所示。

(a)画出 T 形梁前端的实形(在 XOZ 平面内);

(b)自各角点作 Y_1 轴的平行线,再在各平行线上量取梁长;

(c)画出 T 形梁后端面,完成全图。

b. 平行于坐标面的圆的立面斜轴测图

当圆平行于坐标面 XOZ 时,其立面斜轴测图仍为圆。当圆平行于另外两坐标面时,其正面斜轴测图为椭圆,按坐标法可作出椭圆。

【例 2.5】　画出图 2.18(a)所示钢箍的立面斜二测图。

作图:将坐标面 XOZ 设在钢箍的前端面上,原点设在圆心处,这样钢箍上所有的圆都平行于坐标面 XOZ,故钢箍上所有圆的立面斜二测图均为圆。作图方法如图 2.18(b)所示。

由此可见,绘制某一方向上有较多圆弧的物体的轴测图,采用立面斜二测作图比较简单。

比较图 2.17 和图 2.18 可以看出,斜等测图的 Y 方向显得过宽,所以常采用斜二测图。

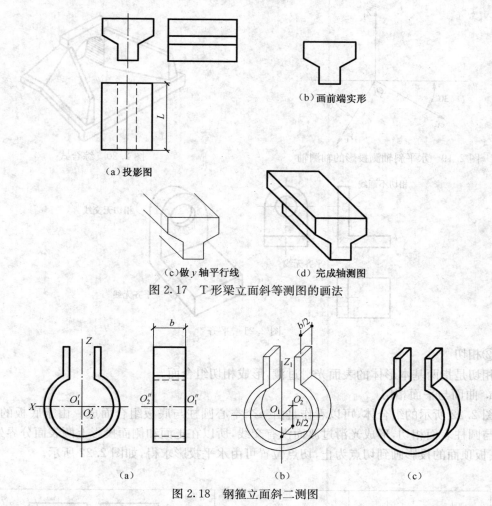

（b）画前端实形

（a）投影图

（c）做 y 轴平行线　　　　（d）完成轴测图

图 2.17　T 形梁立面斜等测图的画法

（a）　　　　　　　（b）　　　　　　　（c）

图 2.18　钢箍立面斜二测图

②水平斜轴测投影

当以 H 面为轴测投影面时，使坐标轴 O_1X_1 和 O_1Y_1 平行于 H 面，则轴间角 $\angle X_1O_1Y_1=90°$。一般将 O_1Z_1 轴放置成竖直位置，O_1Z_1 轴的轴向伸缩系数可采用 1 或 1/2，当采用 $p=q=r=1$ 时，称水平斜等测投影；当采用 $p=q=1$、$r=1/2$ 时，称水平斜二测投影。水平斜轴测轴的画法如图 2.19 所示。

2. 组合体投影图的画法

（1）组合体的形成方式

由基本形体按一定方式组合而成的形体，称为组合体。组合体的形成方式除项目一中已经讲述的叠加体和切割体之外，还有些形体是既有叠加又有挖切，许多工程建筑物属综合形成方式，如图 2.20 所示。

（2）基本体之间的邻接表面的结合方式

形成组合体的各基本形体之间的邻接表面的结合方式可分为三种：平齐、相切、相交。

①平齐

平齐在项目 1 中已阐述，故由图 2.21 做一简单回顾。如图 2.21 中组合体，竖板的前、后表面与底板的前、后表面平齐，投影图中结合处不画线。

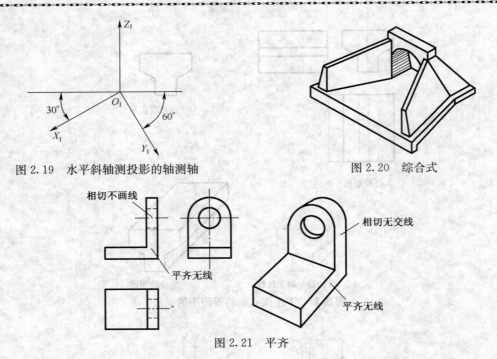

图 2.19　水平斜轴测投影的轴测轴　　　　　　图 2.20　综合式

图 2.21　平齐

②相切

相切是指两基本形体的表面光滑过渡,形成相切组合面。

a. 曲面与平面相切

图 2.22 所示的组合体,可以看作是由一个空心圆柱与底板组合而成。由于底板的前、后表面与圆柱表面相切,形成光滑过渡而没有交线,所以在正面和侧面投影上两表面分界处不画线,底板顶面的投影画到切点为止,切点位置可由水平投影求得,如图 2.22 所示。

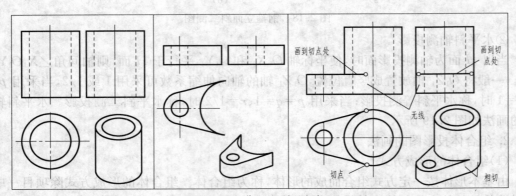

图 2.22　曲面和平面相切

b. 曲面与曲面相切

两曲面相切时,应根据相切处的曲面公切面对投影面的位置来确定投影上是否画线。图 2.23 中两形体的上表面均由两圆柱面相切而成,若两圆柱公切面平行或倾斜于投影面,则该投影面上的投影中两曲面相切处不画线,如图 2.23(a)中的水平和侧面投影,以及图 2.23(b)中的侧面投影所示;若公切面垂直于投影面,在该投影面上的投影中两曲面 A 相切处要画线如图 2.23(b)中的水平投影。

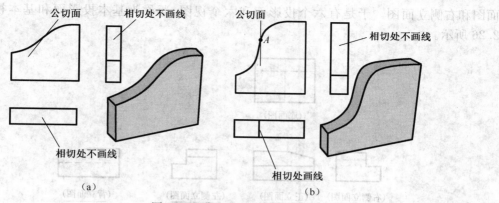

图 2.23　曲面和曲面相切

③相交

两立体表面彼此相交，在相交处就有交线，它是两立体表面的分界线，投影图中必须画出交线的投影，如图 2.24 所示。

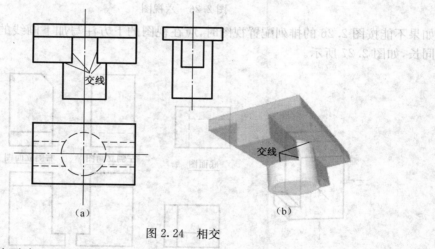

图 2.24　相交

（3）组合体的画法

①三视图与六视图

a. 三视图

工程制图中，物体在投影面上的投影，称视图，把水平投影、正面投影和侧面投影，分别称为平面图、正立面图和左侧立面图。

三视图的投影关系如图 2.25 所示。

b. 六视图

对于某些工程形体，画出三视图后还不能完整和清楚的表达其形体时，则要增加新的投影面，画出新视图来表达。若要得到从物体的下方、背后或右侧观看时的视图，则增设三个分别平行于 H、V 和 W 面的新投影面，并在它们上面分别形成从下向上、从后向前和从右向左观看时所得到的视图，分别称为底面图、背立

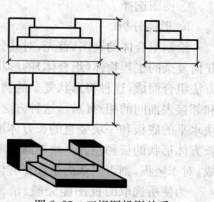

图 2.25　三视图投影关系

面图和右侧立面图。于是有六个投影面和六个视图,通称为基本投影面和基本视图,如图2.26所示。

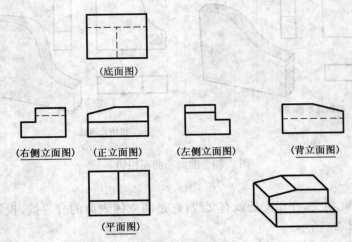

图 2.26　六视图

如果不能按图 2.26 的排列配置视图时,应在视图的下方注写加下画线的图名,下画线与字段同长,如图 2.27 所示。

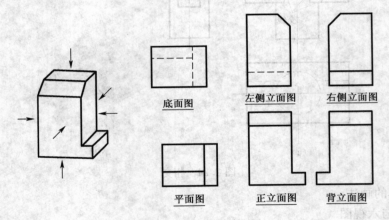

图 2.27　六视图的配置

②视图选择

a. 形体分析

绘制组合体的视图,首先,对其分析,只有分析的比较透彻,才能将视图表达的比较完整。任何复杂的工程物体(组合体)的形状,一般可以视为由若干简单的基本体通过叠加和切割等方法组合而成,这种将形状复杂的物体分解成一些简单的基本体,并分析他们之间的结合形式和邻接表面间的相对位置,这种方法叫形体分析法。如图 2.28 所示的组合体,可设想为由一块水平的底板和一块竖直的长方体形状的竖板叠加而成。对于底板,又可以认为由右方一块长方体形状的板和左方一块半圆柱形状的板组合后,再在底板上挖去一个竖直的圆柱形孔而成;对于竖板,则可以认为是在长方体形的板上切去前上方一个三菱柱形状的角而成。

为使所选取的视图能完整、清楚的表达组合体的各部分形状,需进行形体分析。如图2.29 中所示的连接配件,可看成 Z 形板、圆柱孔和两个三角形肋板组成。如果尺寸较大的一

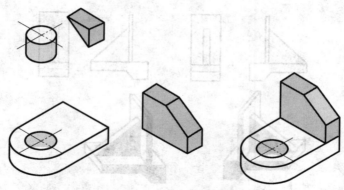

图 2.28　组合体的形体分析

面作为正立面图,则所选取的视图可把 Z 形板、圆柱孔、三角形肋板各组成部分表达清楚。

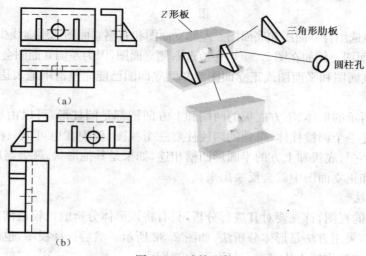

图 2.29　连接配件

b. 视图选择

选择视图时,要求能够用较少量的视图来完整和清晰地把物体表达出来。视图的选择虽然与物体的形状有关,但重要的是选择物体与投影面的相对位置,以下阐述的是视图选择的主要原则,遇有矛盾而难以兼顾时,则视具体情况,权衡轻重来取舍处理。

(a)物体安放位置:实质上是指物体对水平投影面的相对位置的选择。使得物体主要的特征平面平行于基本投影面,不但视图形状能够反映出特征平面的实形,而且还能够得出合适的其它视图,并使视图数量最少,又能合理地使用图幅。

(b)正立面图的选择:实质上是物体对各竖直的基本投影面的相对位置的选择,正立面图需反映出物体的形状特征,反映立体的主要面,如房屋的正面、主要出入口所在的面。反映出物体较多的组成部分,并使图中虚线较少出现。如图 2.30 中挡土墙,仅从形状特征考虑,选择 A 向或 B 向投影作为正立面图均可。但如按 B 向投影,则左侧立面图中虚线较多,如图 2.30 (b)。所以要照顾到其他视图的选择及图纸的合理使用。

c. 视图数量选择

(a)根据组合体的各个基本体所需要视图,得出最后所需视图。这些视图包括基本视图和特殊视图。

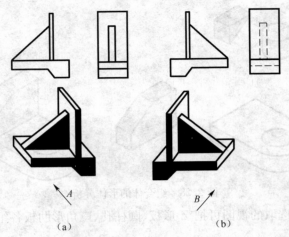

图　2.30

(b)尽量避免选用背立面图和底面图。左侧立面图和右侧立面图选用虚线少的一个,情况相同时选用左侧立面图。例如在图 2.30(b)中应选右侧立面图,因为左侧立面图会出现虚线。

(c)如果正立面图和平面图或正立面图与左侧立面图已能完整清晰地表达该物体,则不必再画第三视图。

如图 2.31 所示的形体、下方底板的两端和上方凹槽都是圆柱形,可以由平面图和正立面图来表示;中部是一个四棱柱体,单独的四棱柱要三个视图,但现在也可以只由这两个视图来表示。这是因为它与底板和上方的半圆形凹槽相连,如果是其他形状,就会与底板和凹槽形成交线,在平面图和正立面图中就会反映出来。

③视图的画法

要画出物体的视图,首先要对其进行分析,只有将该形体分析的比较透彻,才能将其完整、清晰地表达出来,采用方法是形体分析法,如图 2.32 所示。然后选择视图,也就是用较少量的视图来完整清晰的把物体表达出来,最后,画出视图。

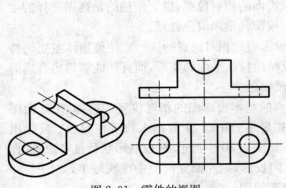

图 2.31　零件的视图

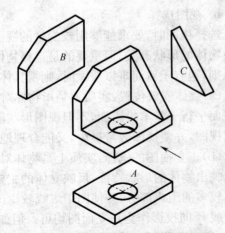

图 2.32　形体分析和正立面图的投射方向

确定了画哪几个视图后,即可使用绘图仪器和工具开始画投影图。绘图步骤如下:

a. 选比例,定图幅。根据组合体尺寸的大小确定绘图比例,再根据投影图的大小确定图纸幅面,然后画出图框和标题栏。

b. 画底稿、校核。画底稿前,应根据图形大小以及预留标注尺寸的位置合理布置图面。绘制底稿的顺序是:先画作图基准线,如投影图的对称中心线和底面或端面的积聚投影线等,以确定各投影图的位置;然后用形体分析法按主次关系依次画出各组成部分的三面投影图。注意各组成部分的三面投影图应同时画出,并应先画出反映其形状特征的投影。当底稿画完后,必须进行校和,改正错误并擦去多余的图线。画底稿的步骤如图 2.33(a)、(b)、(c)、(d)、(e)所示。

c. 在校核无误后,应清理图面,用铅笔加深。加深完成后,还应再作复核,如有错误,必须进行修正,即完成全图,如图 2.33(f)所示。

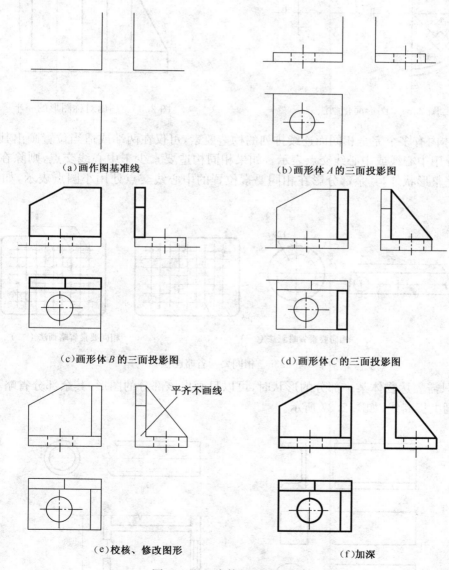

(a)画作图基准线   (b)画形体 A 的三面投影图

(c)画形体 B 的三面投影图   (d)画形体 C 的三面投影图

(e)校核、修改图形   (f)加深

图 2.33 组合体投影图的画法

④简化画法

在不影响生产和表示形体完整性的前提下,为了节省绘图时间,可采用房屋建筑制图标准

中规定的几种简化画法。

a. 对称省略画法是常用的简化画法。如形体的图形对称,可以对称中心线为界,只画对称图形的一半,并画上对称符号。对称符号用细实线绘制,平行线的长度宜为 6～10 mm ,平行线的间距宜为 2～3 mm ,平行线在对称线两侧的长度应相等,如图 2.34 所示。图形也可稍大于一半,此时不宜画对称符号,而在超出对称线部分画上波浪线,如图 2.35 所示。

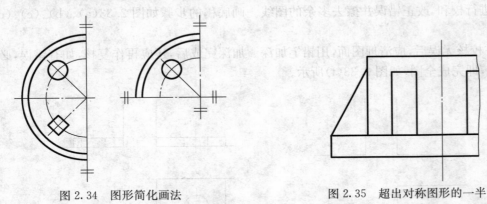

图 2.34　图形简化画法　　　　　　　图 2.35　超出对称图形的一半

b. 形体内有多个完全相同而连续排列的构造要素,可仅在两端或适当位置画出其完整图形其余部分用中心线或中心线交点表示。如果相同构造要素少于中心线交点,则除在适当位置画出其完整形状外,其余部分影在相同要素位置的中心线交点处用小圆点表示,如图 2.36 所示。

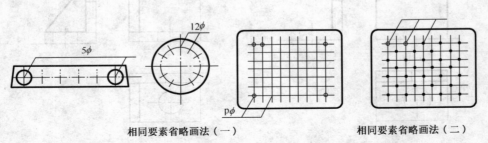

相同要素省略画法(一)　　　　　　　相同要素省略画法(二)

图 2.36　相同要素省略画法

c. 当只需表达物体某一部分的形状时,可以只画出该部分的图形,其余部分省略不画,并在折断处画上折断线,如图 2.37 所示。

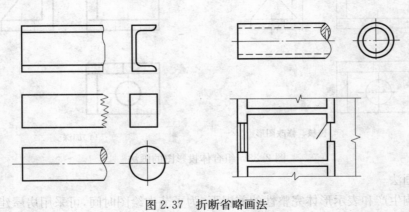

图 2.37　折断省略画法

较长的构件,如沿长度方向的形状相同或按一定规律变化,可断开省略绘制,断开处应以折断线表示,如图 2.38 所示。

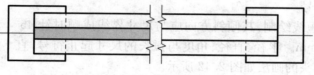

图 2.38　断开画法

d. 同一个构件,如绘制位置不够时,可将该构件分成两部分绘制,再以连接符号表示相连。连接符号应以折断线表示需连接的部位,并以折断线两端靠图样一侧的大写拉丁字母表示连接编号。两个被连接的图样,必须用相同的字母编号,如图 2.39(a)所示。

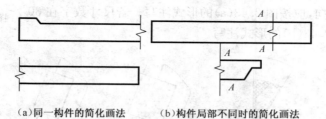

(a)同一构件的简化画法　　(b)构件局部不同时的简化画法

图 2.39　简化画法

e. 当绘制的构件图形与另一构件的图形仅部分不相同时,可只画另一构件不同的部分,但应在两个构件的相同部分于不同部分的分界处,分别绘制连接符号,两个连接符号应对准同一条线上,如图 2.39(b)所示。

(4)组合体的尺寸标注

在工程图中,除了用视图来表达物体的形状和各部分的相互关系外,还必须注出物体的实际尺寸以明确它的具体大小和各部分的相对位置。本部分将结合基本体和组合体的尺寸注法,来阐述形体的尺寸标注。关于专业图的尺寸注法将在后面有关章节中,结合专业图示方法和生产要求作详细叙述。

①尺寸标注的基本规定

a. 尺寸的组成

图样上的尺寸由尺寸界线、尺寸线、尺寸起止符和尺寸数字四部分组成,如图 2.40 所示。

(a)尺寸界线

表示尺寸的范围,用细实线绘制,一般应与被注长度垂直。其一端离开图样的轮廓线不小于 2 mm,另一端宜超出尺寸线 2~3 mm。图形轮廓线也可用作尺寸界线,如图 2.41 所示。

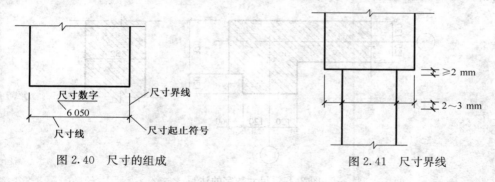

图 2.40　尺寸的组成　　　　　　　　　图 2.41　尺寸界线

（b）尺寸线

用细实线绘制，并应与被注长度平行。图样本身的任何图线均不得用作尺寸线。

（c）尺寸起止符号

一般用中粗斜短线绘制，其倾斜方向应与尺寸界线成顺时针 45°角，长度宜为 2～3 mm。半径、直径、角度与弧长的尺寸起止符号，宜用箭头表示，尺寸箭头的画法如图 2.42 所示。

（d）尺寸数字

图样上的尺寸，应以尺寸数字为准，不得从图样上直接量取。

图样上的尺寸单位，除高程及总平面图是以米（m）为单位外，其他均以毫米（mm）为单位。

尺寸数字的方向，应按图 2.43（a）的形式注写。若尺寸数字在 30°斜线区内，宜按图 2.43（b）的形式注写。

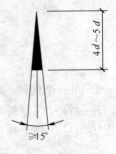

图 2.42　箭头的画法

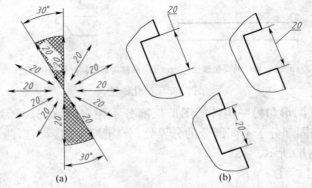

图 2.43　尺寸数字的注定方向

尺寸数字一般应依据其方向注写在靠近尺寸线的上方中部，如没有足够的注写位置，最外边的尺寸数字可注写在尺寸界线的外侧，中间相邻的尺寸数字可错开注写，如图 2.44 所示。

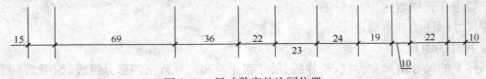

图 2.44　尺寸数字的注写位置

b. 尺寸的排列与布置

（a）尺寸宜标注在图样轮廓以外，不应与图线、文字及符号等相交（图 2.45）。

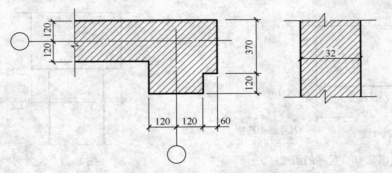

图 2.45　尺寸数字的注写

（b）互相平行的尺寸线，应从被注写的图样轮廓线由近向远整齐排列，较小尺寸应离轮廓线较近，较大尺寸应离轮廓线较远（图 2.46）。

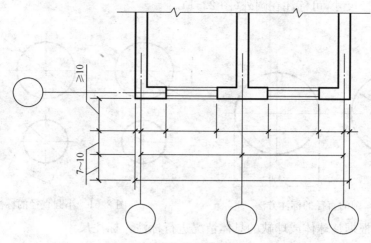

图 2.46　尺寸线的排列

（c）图样轮廓线以外的尺寸线，距图样最外轮廓线的距离，不宜小于 10 mm。平行排列的尺寸线的间距，宜为 7～10 mm，并应保持一致，如图 2.46 所示。

c. 半径、直径、球径的尺寸标注

一般情况下，半径尺寸线的一端为圆心另一端画箭头指向圆弧。半径数字前应加注半径符号"R"（图 2.47）。

较小圆弧的半径，可按图 2.48 的形式标注。较大圆弧的半径，可按图 2.49 的形式标注。

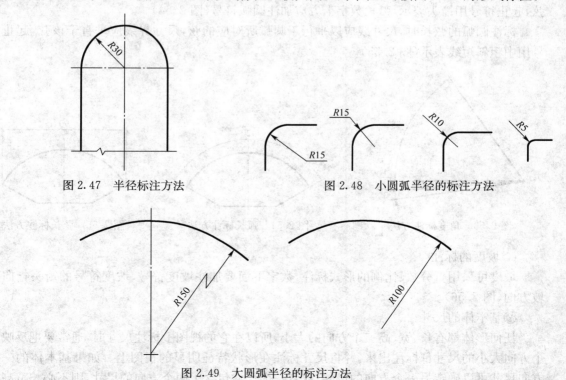

图 2.47　半径标注方法　　　　　　　　图 2.48　小圆弧半径的标注方法

图 2.49　大圆弧半径的标注方法

　　标注圆的直径尺寸时,直径数字前应加直径符号"ϕ"。在圆内标注的尺寸线应通过圆心,两端画箭头指向圆弧(图 2.50)。

　　较小圆的直径尺寸,可标注在圆外(图 2.51)。

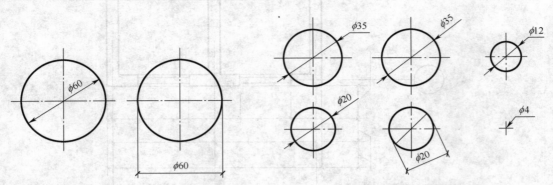

图 2.50　圆的直径的标注方法　　　　　　　图 2.51　小圆直径的标注方法

　　球径尺寸可根据整球体或球缺的具体情况进行标注。标注尺寸时,应在尺寸前加数字注符号 $S\phi$、SR,如图 2.52 所示。

　　d. 角度、弧长、弦长的标注

　　角度的尺寸线应以圆弧表示。该圆弧的圆心是该角的顶点,角的两条边为尺寸界线。起止符号应以箭头表示,连续的角度尺寸如没有足够位置画箭头时,可用圆点代替,角度数字应按水平方向注写(图 2.53)。

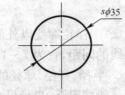

图 2.52　球的直径标注方法

　　标注圆弧的弧长时,尺寸线应以与该圆弧同心的圆弧线表示,尺寸界线应垂直于该圆弧的弦,起止符号用箭头表示,弧长数字上方应加注圆弧符号(图 2.54)。

　　标注圆弧的弦长时,尺寸线应以平行于圆弧所对应的弦,尺寸界线应垂直于该弦,起止符号用中粗斜短线表示(图 2.55)。

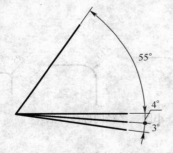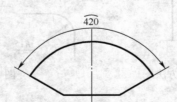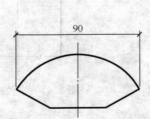

图 2.53　角度标注方法　　　图 2.54　弧长标注方法　　　图 2.55　弦长标注方法

　　e. 坡度的标注

　　坡度可采用百分数、比例的形式标注,数字下面要加注坡度符号,坡度符号的箭头指向下坡方向(图 2.56)。

　　② 基本体的尺寸

　　任何形体都有长、宽、高三个方向的大小,所以在它的视图上标注尺寸时,通常要把反映三个方向大小的尺寸都标注出来,并将尺寸标注在形状特征明显的视图上。如果基本体的一个方向尺寸可以确定另一个方向的尺寸,或者一个尺寸包含了两个方向的尺寸,则不必长宽高三

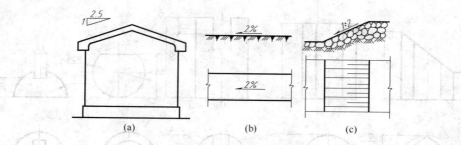

图 2.56　坡度标注方法

个尺寸都标注。

　　基本体的尺寸标注如图 2.57 所示。柱体和锥体应标注出决定底面形状的尺寸和高度尺寸;球体只要标注出它的直径大小。

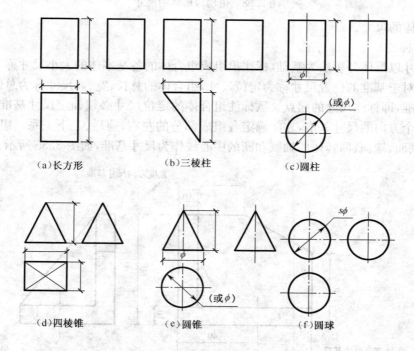

（a）长方形　　　　（b）三棱柱　　　　（c）圆柱

（d）四棱锥　　　　（e）圆锥　　　　（f）圆球

图 2.57　基本体的尺寸

　　当基本体标注尺寸后,有时可减少视图的数量。如图 2.57 中除了长方体要由三个视图来表示以外,其余的柱体和锥体,均可由两个视图来表示,单从这几例而言,它们各自所选的视图之一,应当是表示底面形状的视图。但圆柱体或圆锥体,当标出底圆直径和高度尺寸后,可省去表示底圆形状的那个视图。但是仅用一个视图来表示圆体或圆锥体,直观性较差,一般还是用两个视图（其中一个仍应是反映底面实形的视图）来表示。当球体注上球的直径后,才可用一个视图表示。

　　③切割体的尺寸

　　切割体,除了注出基本体的尺寸外,还要注出确定截切位置的尺寸。由于形体与截切平面的相对位置确定后,切口的交线已完全确定,因此不应标注交线的尺寸,以免重复,如图 2.58 所示。

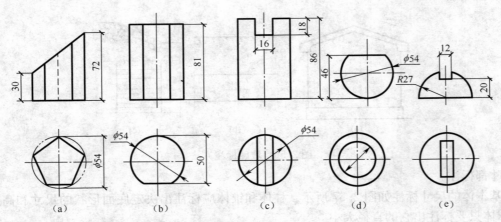

图 2.58　带切口形体的尺寸

④组合体的尺寸

a. 尺寸种类

定形尺寸以形体分析法为基础,标注出组成组合体的各基本体的大小尺寸称为定形尺寸,各基本体相对于基准的位置尺寸称为定位尺寸,组合体的总长、宽、高尺寸称为总体尺寸。

尺寸基准,即标注尺寸的起点。欲标注组合体的定位尺寸必须确定尺寸基准组合体需要长、宽、高 3 个方向的尺寸基准,才能确定各组成部分的左右、前后、上下关系。组合体通常以其对称面、底面、端面、回转体的轴线和圆的中心线作为尺寸基准,如图 2.59 所示。

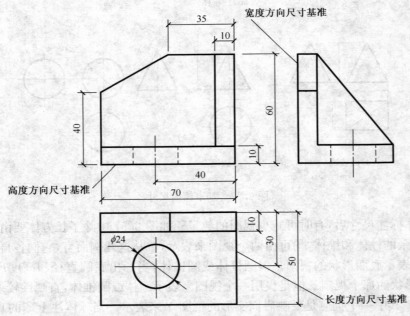

图 2.59　组合体尺寸标注

b. 标注尺寸的顺序

(a)首先标注出定形尺寸,如图 2.59 中 40,35,10,70,ϕ24 等;

(b)再标注定位尺寸,如图 2.59 中孔的定位尺寸 40,30;

(c)最后调整标注总体尺寸,如图 2.59 中 70,60,50。

c. 注意事项

（a）尺寸标注要求完整、清晰、合理。

（b）各基本形体的定形、定位尺寸宜标注在反映该形体形状、位置特征的投影上，且尽量集中排列。

（c）以形体分析法为基础，逐个标注各组成部分的定形、定位尺寸，不能遗漏。

典型工作任务 2   屋面类构件图的识读与绘制

2.2.1   工作任务

已知房屋的正立面图和侧立面图（图 2.60），想象其空间形状，补画其平面图。

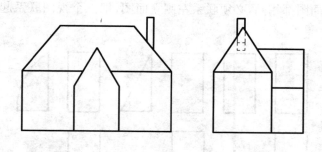

图 2.60   房屋的两面投影

2.2.2   相关配套知识

前面我们介绍了组合体的画图方法，这个任务我们介绍组合体的读图方法。根据物体的视图想象出物体的空间形状和结构，称为读图。读图时除了掌握基本读图方法外，还要了解一些读图的基本知识。

1. 读图的基本知识

（1）掌握三视图的投影规律

三视图的投影规律，即"长对正，高平齐，宽相等"，简称三等关系。因为组合体三视图是按三等关系画出的，它的每一个组成部分的几个视图都符合三等关系，只有按照三等关系，才能正确地把各组成部分的几个对应视图找出来，进而根据视图想象出各部分的形状。

（2）掌握各种位置直线和各种位置平面的投影特性

根据物体上的直线和平面的投影特性，确定它们在空间的位置和形状，进而确定物体的空间形状。

（3）熟悉基本体的投影特征

熟悉各种基本形体的投影特征，看到它们的视图后，就能很快想象出是哪种基本形体。

（4）联系起来分析有关视图

通常只看一个视图不能正确判断物体的空间形状。如图 2.61（a）、（b）、（c）、（d）所示的四组视图中，平面图都是相同的，必须联系正立面图，才能正确判断物体的形状。

有时只看两视图还不能正确判断物体的空间形状。如图 2.62（a）、（b）、（c）所示的三组视

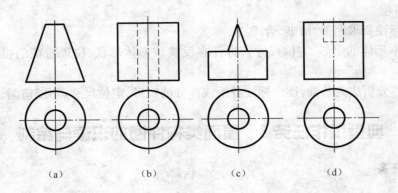

图 2.61　根据两视图判断物体形状

图中,正立面图和平面图都相同,必须联系左侧立面图,把三个视图联系起来考虑才能正确判断物体的空间形状。

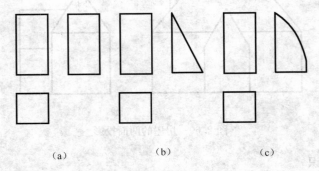

图 2.62　根据三视图判断物体形状

总之,读图时要尽可能把给出的视图都联系起来分析,才能正确而快速地判断物体的形状。

(5)视图中线条和线框的含义。

在项目一中,我们已对视图中线条和线框的含义进行了介绍,在此基础上,对其含义进行总结:视图中的线条可能代表一个投影有积聚性的平面或曲面,也可能是面与面的交线,还可能是曲面转向轮廓线;若三视图中无曲线,则空间形体无曲面,若三视图中有曲线,则空间形体有曲面。视图中的线框(指封闭图形)一般代表一个表面,如图 2.63所示,可能是平面,也可能是曲面,可能是两面相切形成的面;特殊情况下代表孔洞,或者是一个立体。

2. 组合体的读图方法

组合体读图的基本方法有形体分析法和线面分析法。

(1)形体分析法

用形体分析法读图,就是在读图时,从反映物体形状特征明显的视图入手,按形体特征把视图分解为若干闭合框,根据三等关系,找出每一闭合框的有关投影,然后根据各基本形体的投影特性,想象出每一闭合框对应基本体的形状,再根据整体投影图,找出各基本体之间的相互位置关系,最后综合起来想象出物体的整体形状。

【例 2-6】 已知组合体的三视图,如图 2.64,想象空间形状。

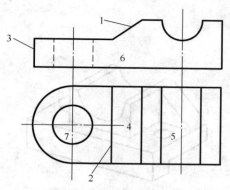

图 2.63　视图中的线条与线框

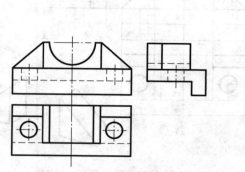

图 2.64　组合体的三视图

从侧立面图的 L 形框入手,通过三等关系,找到正立面图和平面图中的所对应的投影,如图 2.65(a)所示,可判断该形体的下部形状如图 2.65(b)所示。

从正立面图的 U 形框入手,通过三等关系,找到所对应的正立面图和平面图中的投影,如图 2.66(a)所示,可判断该形体的下部形状如图 2.66(b)所示。

从正立面图的三角形框入手,通过三等关系,找到所对应的正立面图和平面图中的投影,如图 2.67(a)所示,可判断该形体的下部形状如图 2.67(b)所示。

最后综合想像出空间形状如图 2.68 所示。

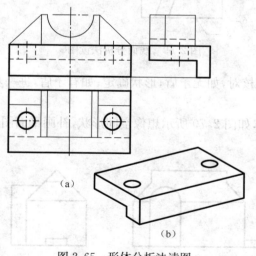

图 2.65　形体分析法读图

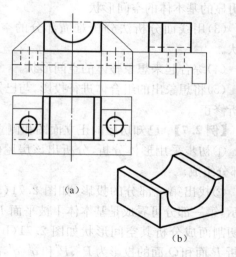

图 2.66　形体分析法读图

形体分析法适用于组合体的各组成部分均有明显特征的视图,很容易根据视图想象出各部分形状的情形。对于投影或某组成部分的投影不符合基本形体或简单形体特征的物体,要采用线面分析法,或在形体分析基础上,局部采用线面分析法。

(2)线面分析法

根据线、面投影特性,分析投影图中的线条和线框的含义,想出物体各表面的形状和相对位置关系,从而想出物体的细部或整体形状,这种读图方法称为线面分析法,如图 2.69。

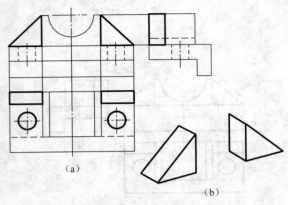

图 2.67　形体分析法读图

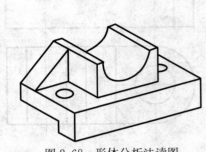

图 2.68　形体分析法读图

线面分析法适用于表面不规则的形体或切割类组合体的读图。对于后者,可采用两种思路来想象物体的形状。

3. 组合体的读图步骤

(1)将基本体的特征投影划分成若干个封闭线框。

(2)用形体分析法分形体,想象出形状特征明显的基本体的空间形状。

(3)用线面分析法分析难懂部分的空间形状。

(4)综合起来想象整体的空间形状。

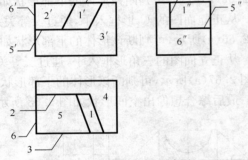

图 2.69　线面分析法读图

(5)将想象出的组合体进行投影,与已知视图核对,如无矛盾,形状确定;如有矛盾,进一步分析修正。

【例 2.7】　已知房屋的正立面图和侧立面图,如图 2.70 所示想像空间形状,补画平面图。

①初步采用形体分析,分析出该房屋由3部分组成。

②找出第一部分的投影,如图 2.71(a)所示,第一部分可看成是基本体 I 被平面 P、Q 切割而成分析其空间形状如图 2.71(b),分析 P 面和 Q 面的投影为 P'、P'' 和 q'、q'',故可知 P 平面和 Q 平面分别为平面和正垂面,从而绘制出平面图。

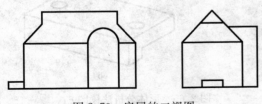

图 2.70　房屋的二视图

③找出第二部分的投影,如图 2.72(a)所示,该部分形体可看成是半圆柱与四棱柱叠加而成,且与第一部分形体相交,其中半圆柱与 R 平面相交产生截交线 L,分析其空间形状如图 2.72(b)所示,绘制出水平投影,在绘制过程中,需注意截交线 L 的水平投影 L 的变化。

④找出第三部分的投影,如图 2.73(a)所示,分析其空间形状如图 2.73(b),绘制出水平投影,最后补全投影,如图 2.73(a)。

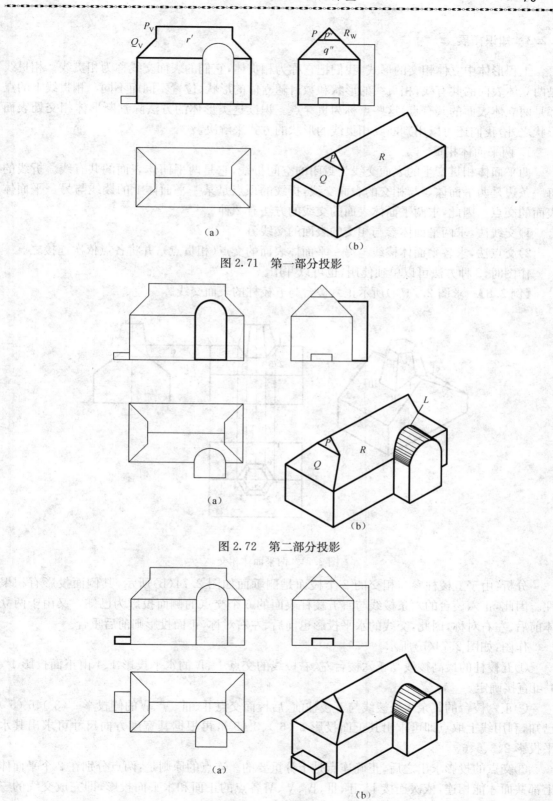

图 2.71　第一部分投影

图 2.72　第二部分投影

图 2.73　第三部分投影

2.2.3　知识拓展

工程形体中立体相交的形式,我们把它称为相贯体,它们的表面交线称为相贯线。相贯线是两立体表面的共有线,相贯线的形状和数目随立体的形状、位置不同而不同。相贯线上的点都是两立体表面的共有点,这些点称为贯穿点。识读这类形体的方法除判断形体相交处表面形状之外,我们还可以用判断其相贯线的形状的方式来解决。

1. 两平面体相贯

两平面体相贯产生的表面交线为封闭的空间折线,它是两平面体表面的共有线。折线的每一条边是两平面体参与相交的表面交线,折线的顶点是某一平面体上的棱线与另一平面体表面的交点。因此,求两平面体表面的交线的方法有 2 种。

1)交线法,求两平面体参与相交的表面的交线。

2)交点法,求各平面体棱线与另一平面体表面的交点(相贯点),并将各点依次连接之。

作图时,2 种方法可以单独使用,也可以并用。

【**例 2.8**】　求图 2.74(a)所示正六棱台与五棱柱的表面交线。

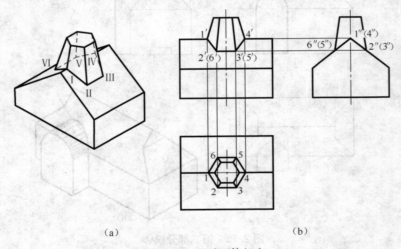

(a)　　　　　　　　　　　　(b)

图 2.74　两平面体相交

分析: 由于五棱柱参与相交的 2 个棱面是侧垂面如图 2.74(b)所示,其侧面投影有积聚性。因此,正六棱台的六条棱线与直五棱柱表面的 6 个交点的侧面投影为已知。又由于两立体前后、左右对称,因此,交线的水平投影也前后、左右对称,正面投影则前后重合。

作图:如图 2.74(b)所示。

①五棱柱的最高棱线与正六棱台左、右棱线的交点Ⅰ、Ⅳ的水平投影 1、4 由正面投影 1′、4′可直接确定。

②正六棱台的其余 4 条棱线与五棱柱前、后棱面交点Ⅱ、Ⅲ、Ⅴ、Ⅵ的侧投影 2″(3″)、6″(5″)已知,利用线上取点即可求出其正面投影 2′(6′)、3′(5′),再根据其宽度方向尺寸可求出其水平投影 2、3、5、6。

③交点的投影求出之后,正确连点是十分重要的。连点的原则是:两点分别在 2 个平面体上都共面才能相连,依次连接Ⅰ、Ⅱ、Ⅲ、Ⅳ、Ⅴ、Ⅵ各点的正面和水平面投影,即完成交线的三面投影。

④完成各棱线的投影。参与相交的棱线应画至相应交点处,棱线穿入另一立体内的一段是不存在的,为此不得画虚线。

通常情况下,当一个立体完全穿过另一个立体称为全贯,这时立体表面有 2 支相贯线;2个立体各只有一部分参与相贯,称为互贯,这时立体表面只有 1 支相贯线。

【例 2.9】　求图 2.75(a)三棱锥与四棱柱的相贯线。

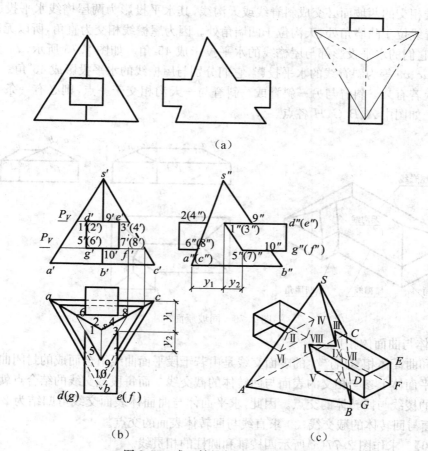

图 2.75　求三棱锥与四棱柱的相贯线

分析:根据正面投影可以看出,四棱柱整个贯穿三棱锥,为全贯,产生前后 2 支相贯线。四棱柱各棱面的正面投影有积聚性,所以相贯线的正面投影积聚在四棱柱各棱面的正面投影上,因此,只需要求出相贯线的水平投影和侧面投影。

作图:如图 2.75(b)所示。

①包含四棱柱的上棱面作辅助平面 P,由于 P 平行于三棱锥的底面,故平面 P 与三棱锥的交线是一个与其底面相似的三角形,水平投影中的线段 1-9-3 和 2-4 便是四棱柱的上棱面与三棱锥交线的水平投影。同理作辅助平面 Q,又可以求出四棱柱下棱面与三棱锥交线的水平投影 5-10-7 和 6-8。

②四棱柱左、右两棱面与三棱锥的交线是侧平线,其水平投影为 1-5、3-7、2-6、4-8。根据相贯线的正面投影和水平投影,即可求出其侧面投影。

相贯线中Ⅴ-Ⅹ-Ⅶ及Ⅶ-Ⅷ各段在四棱柱的下棱面,所以其水平投影 5-10-7 和 6-8 是不可见的。

2. 同坡屋面的投影分析

在坡顶屋面中,同一个屋顶的各个坡面,对水平面的倾角相同,称为同坡屋面。

对于各屋檐等高的四坡顶同坡屋面,屋面交线及其投影有如下的规律:

①屋檐线相互平行的两坡面如相交,则必交成水平屋脊,屋脊的水平投影必平行于屋檐线的水平投影,且与两屋檐线的水平投影等距离。

②屋檐线相交的两坡面必交成斜脊线或天沟线,其水平投影为两屋檐线水平投影夹角的分角线。斜脊线位于凸墙角处,天沟位于凹墙角处。因为屋檐线相交为直角,所以无论是斜脊线或天沟线,它们的水平投影都与屋檐线的水平投影成45°角。如图 2.76 所示,dg 为天沟线的水平投影、ac、ae 等为斜脊线的水平投影,它们分别与屋檐线的水平投影成45°角。

③屋面上若有某一斜脊与另一斜脊或一斜脊与一天沟相交于一点,则必有一条水平屋脊相交于该点。如图中 A、B、G、H 各点。

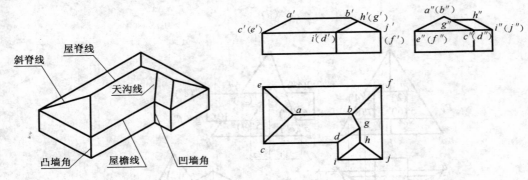

图 2.76　同坡屋面

3. 平面体与曲面体相贯

平面体和曲面体相贯所产生的表面交线是由若干段平面曲线组合而成的封闭曲线。每段平面曲线是平面体上参与相交的表面与回转体的截交线。而每段截交线的结合点就是平面体上参与相交的棱线与回转体的交点。因此,求平面体与曲面体表面交线可归结为 2 个基本问题:① 求平面与回转体的截交线;② 求直线与回转体表面的交点。

【例 2.10】 求作图 2.77(a)所示四棱锥和圆柱的相贯线。

分析:图 2.77(b)为四棱锥和圆柱相交,其相贯线是由棱锥的 4 个棱面截切圆柱面所得的 4 段椭圆弧组合而成的封闭曲线。4 条棱线与圆柱面的 4 个贯穿点就是 4 段椭圆弧的结合点,4 个贯穿点的高度相同。由于圆柱表面垂直于 H 面,相贯线的水平投影就积聚于圆柱的水平投影上,所以只需要求出其正面投影。

作图:如图 2.77(c)所示。

①求结合点:在水平投影中,4 条棱线的投影与圆柱面投影的交点 1、2、3、4 即为结合点的水平投影,根据投影规律,利用积聚性可求得其正面投影为 $1'$、$2'$、$3'$、$4'$。点Ⅰ、Ⅱ、Ⅲ、Ⅳ同时也是曲线的最高点。

②曲线最低点是圆柱面上与棱锥底边最接近的素线对棱锥的贯穿点,水平投影为 5、7,利用辅助正平面 P 可求得正面投影 $5'$、$7'$、$6'$、$8'$可直接确定。

为连线需要,可以利用辅助正平面 Q 求得适当的一般点,并依次平滑连接起来。

【例 2.11】 求图 2.78(a)所示正三棱柱与半圆球的相贯线。

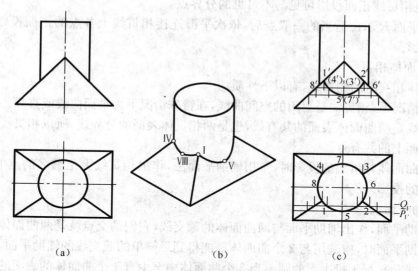

（a）　　　　　　　（b）　　　　　　　（c）

图 2.77　四棱锥与圆柱相贯

分析：图 2.78(b)中正三棱柱与半圆球的相贯线由 3 个棱面与球面的 3 条截交线组成，它们的空间形状都是圆弧，其中棱面 BC 是正平面，它与球面截交线的正面投影反映圆弧的实形，另外 2 个棱面是铅垂面，倾斜于 V 面，所以它们截交线的正面投影是椭圆的一部分。

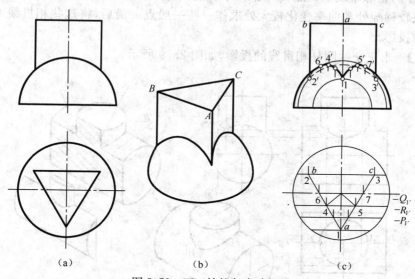

（a）　　　　　　　（b）　　　　　　　（c）

图 2.78　正三棱柱与半球相贯

作图：如图 2.78(c)所示，经过棱线 A 作辅助平面 P，与球面的截交线为半圆，棱线 A 的正面投影与半球的正面投影的交点 1′，即为棱线 A 与球面的贯穿点 Ⅰ 的正面投影。延伸棱面 BC，与球面截交线的正面投影是半圆，它与 b′、c′ 交于点 2′、3′，即为棱线 B、C 与球面贯穿点 Ⅱ、Ⅲ 的正面投影。点 Ⅰ、Ⅱ、Ⅲ 是各段弧的最低点，2′、3′ 之间的一段圆弧是棱面 BC 与球的截交线的正面投影（为不可见）。棱面 AB、AC 与球截交线的正面投影是 2 个相同的椭圆弧，水平投影为 2 段直线 ab、ac。ab、ac 上离球心 O 最近的点 4、5 是截交线上最高点的水平投影，过 4、5 作辅助正平面 Q，求出正面投影 4′、5′。

点 6、7 是球的正面投影轮廓线与棱面 AB、AC 交点的水平投影；点 6′、7′ 在球的正面投影轮廓线上,是相贯线正面投影可见与不可见的分界点。

作辅助平面 R 求出适当的一般点后,依次平滑连接相贯线上各点的正面投影,即得相贯线的正面投影。

4. 两曲面体相贯

两曲面体相交时的相贯线,有以下性质:

①一般情况下,相贯线是封闭的空间曲线,在特殊情况下为平面曲线或直线。

②相贯线是两曲面体表面的共有线,也是两相贯体表面的分界线,所以相贯线上所有点是两曲面体表面上的共有点。

求作两曲面体相贯线的投影时,常用辅助平面法,作出相贯线上足够多的点的投影,然后连成相贯线的投影。

(1)辅助平面法

假设辅助平面,作出辅助平面与两曲面体的截交线,它们的交点就是两曲面体相贯线上的点。选取辅助平面时,应选用与 2 个曲面体都能得到最简单的截交线的辅助平面,最简单的截交线是指直线和平行于投影面的圆。当 2 个曲面体中至少有 1 个曲面体的表面的投影具有积聚性时,则可直接用表面取点法作图,即用已知曲面体表面上点的一个投影求其他投影的方法作相贯线上的点。求作曲面体的相贯线上的点与作曲面体的截交线的点相类似,首先,在可能和作图方便的情况下,作出特殊点。特殊点包括:相贯线具有对称平面时,相贯线在对称平面上的点;曲面体的轮廓素线上的点;极限点(即最左、最右、最前、最后、最高、最低点)。然后,按需要在贯穿点较稀疏处和曲率变化较大处求作一些一般点。最后,将这些相贯线上点的投影连成相贯线的投影。

【例 2.12】　求正交两圆柱相贯线的投影,如图 2.79 所示。

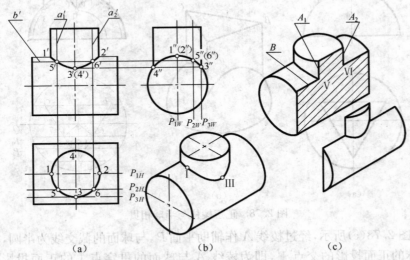

图 2.79　圆柱与圆柱相贯

分析:由图 2.79 中可以看出,大圆柱轴线垂直于侧面,小圆柱轴线垂直于水平面,两圆柱轴线垂直相交。因为相贯线是两圆柱面上的共有线,所以其水平投影积聚在小圆柱的水平投影上,而相贯线的侧面投影积聚在大圆柱的侧面投影上(小圆柱外形轮廓线之间的一段圆弧),需要求出的是相贯线的正面投影。因相贯线前后对称,所以相贯线前后部分的正面投影重合。

为了求相贯线上的点,本例可以利用正平面、水平面和侧平面作辅助面,它们与两圆柱的交线均为直线或圆。本例采用正平面作为辅助面求作相贯线的投影。

作图：如图 2.79(a)所示。

①求特殊点。两圆柱的正面投影轮廓线处于同一正平面 P_1 上，用 P_1 面作辅助面，就可以求得点 Ⅰ、Ⅱ 的投影，它是相贯线上的最高点，又是最左点和最右点。小圆柱侧面投影轮廓线与大圆柱的交点 Ⅲ、Ⅳ 为相贯线上的最低点，可以利用小圆柱侧面投影轮廓线作一正平面 P_3，从而求得 $3'(4')$。由于 Ⅰ、Ⅱ、Ⅲ、Ⅳ 4 点的水平投影和侧面投影都可直接求出，所以也可根据由点的两投影补第三投影的方法求出它们的正面投影。

②求一般点。仍用辅助平面法求出适量的一般点，如图 2.79(a)所示。首先作一正平面 P_2，然后求出辅助平面 P_2 与大圆柱的截交线 A_1、A_2 的正面投影 a'_1、a'_2 及 P_2 与小圆柱的截交线 B 的正面投影 b'，a'_1、a'_2 与 b' 的交点 $5'$、$6'$ 就是相贯线上 Ⅴ、Ⅵ 点的正面投影。

③连相贯线。按水平投影各点顺序，将其正面投影连成光滑曲线，即得相贯线的正面投影。

在工程上常可见两圆柱轴线垂直相交或垂直交叉的情况。除图 2.79 的两实心圆柱外表面相交外，有时还遇到图 2.80 中所示的情况。图 2.80(a)是从实心圆柱上挖去一个圆柱孔；图 2.80(b)是两圆管相交，此时除两圆管外表面相交外，两圆管内表面也相交。比较图 2.79 和图 2.80 中的三种情况可知，不管圆柱的外表面还是内表面，只要它们相交，就会产生相贯线，而相贯线的形状和特殊点的求法是相同的。

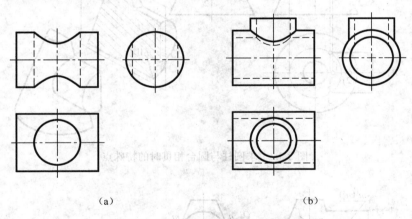

(a)　　　　　　　　　　　　　　　　　(b)

图 2.80　圆柱与圆柱相贯的不同情况

【例 2.13】　圆柱和圆台正交，求相贯线的投影，如图 2.81 所示。

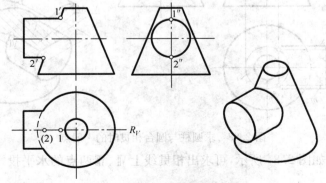

图 2.81　圆柱与圆台相贯

分析:由于圆柱的侧面投影是有积聚性的圆,所以相贯线的侧面投影与此圆重合。需要求的是相贯线的正面投影和水平投影。

作图:

①求特殊点。如图 2.82 所示,由于圆台和圆柱的轴线正交,它们的轮廓素线的正面投影都在正平面 R 上。故以 R 作辅助平面,它与圆台、圆柱的交线是其各自的轮廓素线的正面投影,它们的交点 $1'$、$2'$ 即为相贯线上 Ⅰ、Ⅱ 点的正面投影。其水平投影 1、(2)可在 R_H 上求得。Ⅰ、Ⅱ 是相贯线上的最高点和最低点。再过圆柱轴线作水平面 P,求得圆柱上水平投影轮廓素线与圆台面贯穿点 Ⅲ、Ⅳ 的水平投影 3、4,点 $3'$、$(4')$ 在 P_V 上。Ⅲ、Ⅳ 是相贯线上的最前点和最后点。

②求一般点。如图 2.83 所示,作一辅助平面 Q。水平面 Q 与圆台的截交线为圆 L,与圆柱的截交线为二平行直线 M、N。截交线的交点 Ⅴ、Ⅵ 即为相贯线上的点,作出截交线的水平投影 l 以及 m 和 n,它们的交点 5、6 即为相贯线上 Ⅴ、Ⅵ 点的水平投影,其正面投影 $5'$、$6'$ 在 Q_V 上。

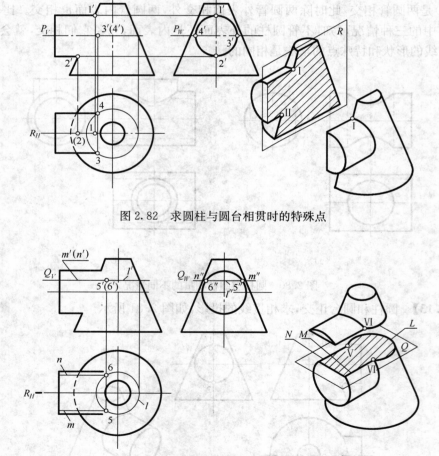

图 2.82 求圆柱与圆台相贯时的特殊点

图 2.83 求圆柱与圆台相贯时的一般点

再作水平面 S,如图 2.84 所示,可求出相贯线上 Ⅶ、Ⅷ 两点的水平投影(7)、(8)和正面投影 $7'$、$(8')$。

③连曲线。如图 2.84 所示,参照各点侧面投影的顺序,将各点的同面投影连成光滑的

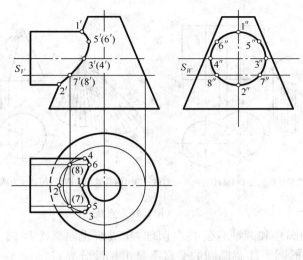

图 2.84　圆柱与圆台的相贯线

曲线。

④判断可见性。根据相贯线可见性的判别原则可知,水平投影中在下半个圆柱面上的相贯线是不可见的,3、4 两点是相贯线水平投影可见性的分界点。正面投影中相贯线前后部分的投影重合。

最后,整理轮廓素线,这时圆柱水平投影的轮廓素线应画到 3、4 点为止。

(2)两曲面体相贯线的特殊情况

两曲面体(回转体)的相贯线(交线)一般情况是空间曲线,但在特殊情况下是平面曲线或直线,下面介绍几种常见情况。

①相贯线为平面曲线圆。同轴回转体相交时,或回转体与球相交,且回转体的轴线通球体的球心,相贯线为垂直于回转体轴线的圆,如图 2.85 所示。

②相贯线为直线。两锥共顶点的锥面相交,两轴线平行的柱面相交,它们的相贯线均为直素线,如图 2.86 所示。

③相贯线为平面曲线椭圆。当两轴线相交的回转面具有 1 个公共内切球时,其交线为 2 个椭圆,它们相交于两点,两椭圆平面都垂直于两回转轴所决定的平面。

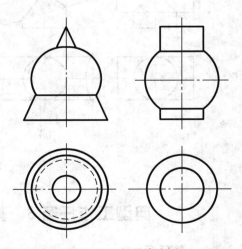

图 2.85　相贯线为圆

图 2.87(a)所示的两圆柱直径相等,其轴线相交成直角时,它们的相贯线是 2 个相同的椭圆。当两轴线平行于 V 面时,其 V 面投影积聚为 2 条相交且等长的直线段,水平投影积聚在直立圆柱的水平投影上。

图 2.87(b)所示的两圆柱直径相等,轴线斜交且都平行于 V 面。它们的相贯线为 2 个大小不同的椭圆,其正面投影都积聚为直线段且是轮廓素线交点的连线,水平投影积聚在竖直圆柱面的水平投影上。

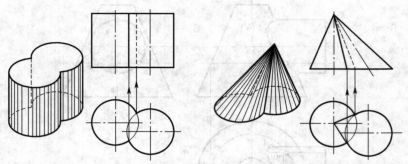

(a)两轴线平行的圆柱(相贯线为两平行直线)　(b)两共锥顶的圆锥(相贯线为两相交直线)

图 2.86　相贯线为直线

图 2.87(c)所示的圆柱和圆锥有公共内切球,相贯线也是 2 个椭圆。其正面投影积聚为直线段,水平投影仍是椭圆。注意椭圆的交点不是可见性分界点,也不在中心线上。

图 2.87(d)所示为轴线正交的两圆锥,有公共内切球,相贯线也为椭圆,其水平投影仍为椭圆。注意其可见性分界点位于横置圆锥的前后轮廓素线上,而不是两椭圆的交点。

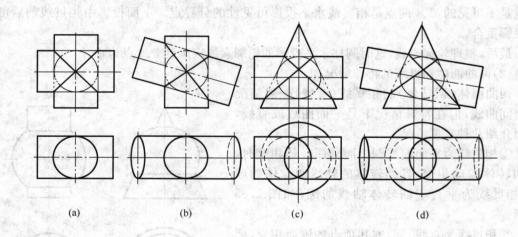

(a)　　　　　　　(b)　　　　　　　(c)　　　　　　　(d)

图 2.87　相贯线为椭圆

典型工作任务 3　基础类构件图的识读与绘制

2.3.1　工作任务

已知杯形基础的两面投影(如图 2.88),想象其空间形状,补画 2—2 剖面图。

2.3.2　相关配套知识

1. 剖面图

（1）剖面图的形成

在画物体的图样时,看得见的轮廓线画成粗实线,看不见的画成中虚线。当物体的内部结构复杂或被遮挡的部分较多时,图上就会出现较多的虚线,在图形中因虚、实线交错而混淆不清,给看图和标注尺寸增加困难。为了解决这一问题,工程上常采用剖切的方法,即假想将物体剖开,使原来看不见的内部结构成为可见。假想用一个剖切面把物体剖切成两部分后,移去观察者和剖切面之间的部分,而将剩余部分向投影面投射,所得的投影就叫剖面图,简称剖视。

如图2.89(a)所示,假想用平面P将杯形基础切开,移去平面P前面的部分,画出剩余部分的投影,就得到了杯形基础的剖面图,如图2.89(b)所示。

(2)剖面图的画法

①剖切位置

剖面图的剖切平面位置应根据需要确定,在一般情况下应平行于某一投影面,使截面的投影反映实形。剖切平面要通过物体的孔、槽等不可见部分的中心线,使其内部形状得以清楚表达。如果物体有对称平面,一般剖切平面应通过对称平面,如图2.89(a)所示。

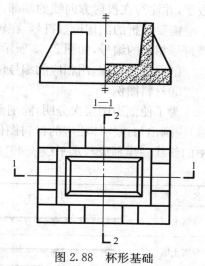

图2.88　杯形基础

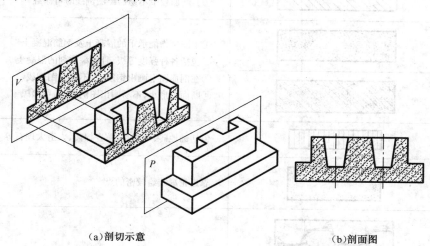

(a)剖切示意　　　　　　(b)剖面图

图2.89　剖面图的形成

②剖面图的标注

剖面图的标注包括画出剖切符号、注写编号和书写剖面图的名称等。剖切符号由剖切位置线和投射方向线组成,剖切位置线表明剖切面的起讫和转折位置,用粗短线表示,长度宜为6～10 mm;投射方向线指明剖切后剖面图的投射方向,在建筑工程图中用与剖切位置线垂直的粗短线表示,长度宜为4～6 mm。如图2.90所示,绘制时,剖面图的剖切符号不宜与图形中的其他图线相交。

剖面图剖切符号的编号采用阿拉伯

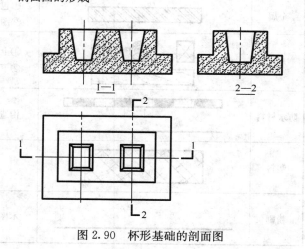

图2.90　杯形基础的剖面图

数字,并注写在投射方向线的端部,如图 2.90 所示。

需要转折的剖切位置符号,在转折处为避免与其他图线发生混淆,应在转角的外侧加注与该符号相同的编号,如图 2.93 所示。

剖面图的名称,用相应的编号注写在相应的剖面图下方,如图 2.90 中的 1—1、2—2。

③材料图例

为了使剖面图层次分明,除剖面图中一般不画虚线外,被剖切到的实体部分(称为剖面区域)应画出与该物体相应的材料图例,如图 2.90 所示。常用的建筑材料图例见表 2.1。图例中的斜线一律画成与水平线成 45°角的细实线。

表 2.1　常用建筑材料图例

名　　称	图　　例	说　　明
自然土壤		包括各种自然土壤
夯实土壤		
普通砖	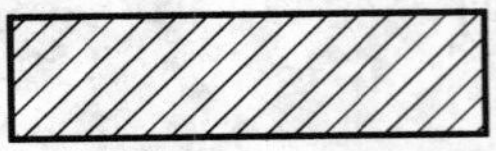	①包括砌体、砌块 ②当断面较窄不易绘出图例线时可涂红
混凝土	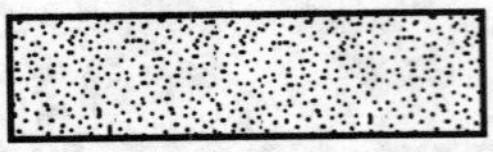	①本图例指能承重的混凝土及钢筋混凝土 ②包括各种强度等级、骨料添加剂的混凝土 ③在剖面图上画出钢筋时,不要画图例线 ④断面图形小,不易画出图例线时,可涂黑
钢筋混凝土	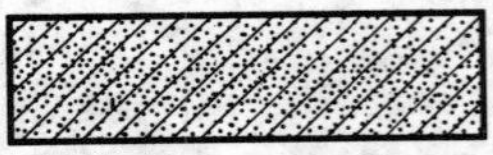	
饰面砖		包括铺地砖、马赛克、陶瓷棉砖、人造大理石等
沙、灰土	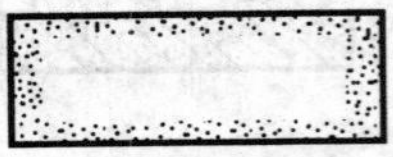	靠近轮廓线绘较密的点
毛石		
金属		①包括各种金属 ②图形小时可涂黑
木材		①上图为横断面,上左图为垫木、木砖或木龙骨 ②下图为纵断面
防水材料		构造层次多或比例较大时,采用上面图例
塑料	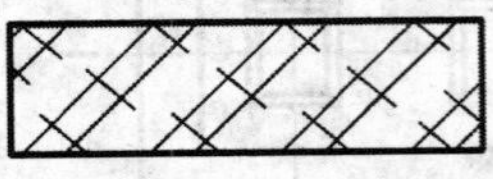	
粉刷		本图例采用较稀的点

当不指明物体的材料时,可采用通用剖面线表示。通用剖面线可按普通砖的图例画出。

同一物体的各个剖面区域,其剖面线或材料图例的画法应一致。相邻物体的剖面线必须以不同的方向或以不同的间隔画出。

允许在剖面区域内用点阵或涂色代替通用剖面线,也允许沿着大面积的剖面区域的轮廓画剖面线、布点或涂色。

①同一物体各剖面图的画法

由于剖切是假想地进行的,实际上物体并没有被剖开,所以,当把一个投影画成剖面图后,其他投影仍按物体的完整形状画出,如图 2.90 中的平面图。此外,作 1—1 剖视图时,是假想把物体的前半部分剖去后画出的;在作 2—2 剖视图时,是把物体的左半部分剖去后画出的。这就是说,作同一物体不同的剖视图时,剖切方法互不影响。

(3)常用的剖切方法

①单一剖切平面

这种剖切方法适用于被一个平面剖切以后,就能把其内部构造表达清楚。如图 2.91 所示的洗手池,采用通过洗手池内孔的中心且分别与正面和侧面平行的 2 个剖切平面对它进行剖切,从而得到 1—1 和 2—2 两个剖面图。这种剖面图称为全剖面图。

在对称的视图上画剖面图时,也可以以对称轴线为界,一半画外形图,一半画面视图,如图 2.92 所示。这种剖面图称为半剖面图。这时外形图上可不画出虚线。

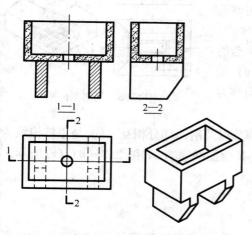

图 2.91　全剖面图

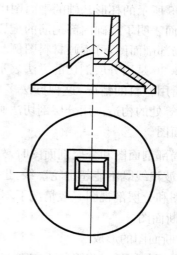

图 2.92　基础的半剖面图

②2 个或 2 个以上平行的剖切平面

当物体内部结构层次较多,用一个剖切平面不能将该物体的内部形状表达清楚时,可用 2 个或 2 个以上相互平行的剖切平面按需要将该物体剖开,画出剖面图,如图 2.93 所示。习惯上把这种剖面图称为阶梯剖视。

在画这种剖面图时应注意,剖切平面的转折处,在剖面图上规定不画线。平行平面的数量根据所需表达的内容而定。需要转折的剖切位置线,应在转角的外侧加注与该剖面剖切符号相同的编号,如图 2.93 所示。

③2 个或 2 个以上相交的剖切平面

　　用2个相交且交线垂直于基本投影面的剖切平面对物体进行剖切,并将物体中倾斜的部分旋转到与投影面平行的位置,再进行投射,所得的剖面图习惯上称为旋转剖。这时,旋转剖面图的图名后面应加上"展开"二字,如图2.94中所示2—2(展开)。

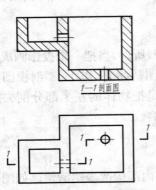

图2.93　用两个平行的剖切平面剖切

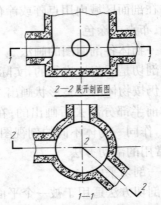

图2.94　用两个相交的剖切平面剖切

　　④局部剖切和分层剖切

　　当物体的局部内部构造需要表达时,可采用局部剖切的方法。这时所获得的剖面图称为局部剖面图。在如图2.95所示的杯形基础的平面图中将其局部画成剖面图,从而表明了基础内部钢筋的配置情况。表明钢筋配置的局部剖面图,可不画材料图例。

　　图2.96是用分层剖切的方法表示粉刷顶棚构造的做法和所用材料的情况,这种方法多用于反映地面、墙面、屋面等处的构造。用分层剖切法画出的剖面图称为分层剖面图。

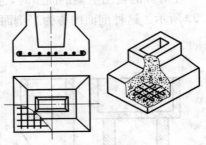

图2.95　局部剖面图

　　画局部剖面图和分层剖面图时,外形与剖面部分以及剖面部分相互之间,是以波浪线为分界线的,波浪线既不能超出轮廓线,也不能与图上其他图线重合,如图2.95(b)、(c)所示。局部剖面图和分层剖视图一般情况下不标注。

　　2.断面图

　　(1)断面图的形成

　　假想用剖切平面将形体上需要表达的位置切断后,仅把截断面投射到与之平行的投影面上,所得到的图形称为断面图,简称断面,如图2.97所示。

　　断面图与剖面图的区别是:

　　①断面图只画出形体上断面的投影,而剖面图除了要画出形体上的断面外,还要画出形体上断面后的可见部分。

　　②断面图表示的是平面,而剖面图表示的是立体。

　　(2)断面图的种类

　　①移出断面图

　　将断面图画在视图之外,称为移出断面图。如图2.98所示为钢筋混凝土梁的移出断面图,图中用正立面图和若干个断面图表达出了梁的形状。当物体有多个断面图时,断面图应按剖切顺序排列。

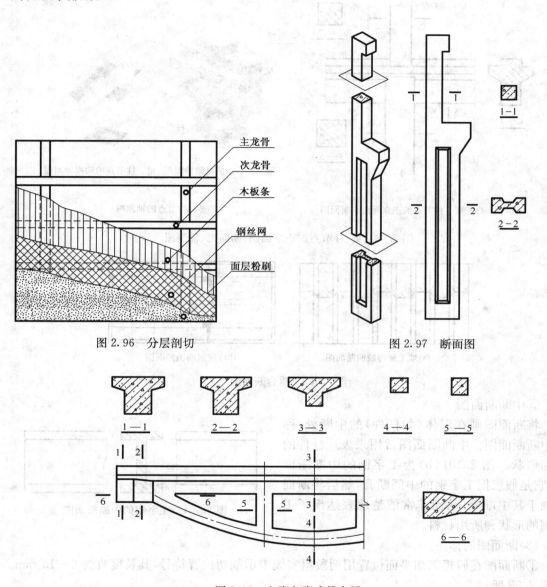

图 2.96　分层剖切　　　　　　　　　　　　　　　　图 2.97　断面图

图 2.98　空腹鱼腹式吊车梁

　　图 2.99(a)是钢筋混凝土梁、柱节点的正立面图和移出断面图。柱从柱基起直通楼面,本例中的正立面图中柱的上、下画了折断符号,表示取其一段,楼面梁左右也画了折断符号。因搁置预制楼板需要,梁的断面形状为"十"字形,俗称"花篮梁"。柱下部的断面形状也为正方形,由 3—3 断面表示。断面图中用图例表示梁、柱的材料均为钢筋混凝土。图 2.99(b)为钢筋混凝土梁、柱节点的鸟瞰和仰视轴测图。

　　②重合断面图

　　直接将断面图画在视图以内,称为重合断面图。图 2.100(b)所示为厂房屋面的重合断面图,它将断面图(图中涂黑部分)画在了平面图上。该重合断面图是假想用一个侧平面剖切屋面后,再将截断面旋转 90°后画出的。

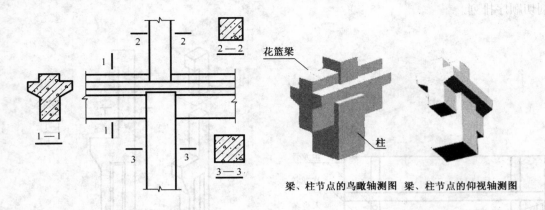

（a）梁、柱节点的正立面图和断面图　　　　　（b）梁、柱节点的轴测图

图 2.99　梁、柱节点的正立面图、断面图、轴测图

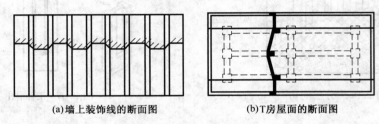

(a)墙上装饰线的断面图　　　　　　(b)T房屋面的断面图

图 2.100　重合断面图

③中断断面图

将断面图画在形体（如杆件）的中断处，称
为中断断面图。中断断面图常用来表达杆件的
断面形状。图 2.101（b）为工字钢的中断断面
图，它是假想把工字钢的中间断开，然后将断面
图画于其中断处，从而非常清楚地表达出了工
字钢的形状和所用材料。

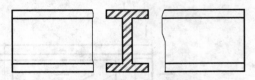

图 2.101　工字钢的中断断面图

（3）断面图的标注

①断面图在假想剖切平面位置用两段粗实线表示剖切位置符号，其长度宜为 6～10 mm。
如图 2.98 所示。

②断面图的剖切方向用断面编号的注写位置表示。当断面编号注写在剖切位置线左侧
时，表示向左投射；当断面编号注写在剖切位置线下方时，表示向下投射，如图 2.98 所示。

③对于重合断面图和中断断面图，如果在图上断面的情况已表达清楚，可以不加任何标
注，如图 2.100、图 2.101（b）所示。

 相关规范、规程与标准

1. 中华人民共和国住房和城乡建设部，中华人民共和国国家质量监督检验检疫总局.
GB/T 50001—2010 房屋建筑制图统一标准．北京：中国计划出版社，2011.

2. 中华人民共和国住房和城乡建设部，中华人民共和国国家质量监督检验检疫总局.

GB/T 50103—2010 总图制图标准．北京：中国计划出版社,2011.

　　3. 中华人民共和国住房和城乡建设部,中华人民共和国国家质量监督检验检疫总局.
GB/T 50104—2010 建筑制图标准．北京：中国计划出版社,2011.

 项目小结

　　本项目以完成建筑楼梯、屋面、基础等组合构件的三视图及轴测图为载体,以工作过程为导向组织教学,以技能训练带动制图国标、轴测图、形体的尺寸标注、组合体的读图、形体的表达方法等知识点的学习;在项目的完成过程中让学生掌握吸收制图标准、形体投影图的读图方法,读图、绘图技能应在学生动手实干过程中也逐步形成。

复习思考题

　　1. 尺寸四要素有哪些?
　　2. 正等轴测图的轴向伸缩系数和轴间角为多少。
　　3. 半剖面图适用于什么情况。
　　4. 断面图的种类有几种。

项目 3　民用建筑工程图

 项目描述

　　"民用建筑工程图"包括建筑施工图、结构施工图、设备施工图三个典型任务,通过该项目的学习训练,使学生熟练的应用建筑工程图的规则,学习识读建筑物的结构形式及构件布置、房屋的内外形状、平面布置、楼层层高和建筑构造、装饰做法、建筑物的承重构件的布置和连接情况以及设备施工图。

 拟实现的教学目标

1. 能力目标
- 了解建筑施工图的意义、分类和编排顺序;
- 了解房屋的组成,熟悉建筑施工图的图示规定、内容和用途;
- 了解建筑平面图的用途和种类,掌握识图要点;
- 了解建筑剖面图、立面图的内容和要求,掌握识图要点;
- 了解建筑详图的用途和主要内容,掌握识图要点;
- 了解结构施工图的主要内容;
- 掌握钢筋混凝土的基础知识、钢筋混凝土构件详图特点、平法的基本概念;
- 掌握钢筋混凝土条形基础的平面图和详图表示;
- 了解楼层结构平面图与屋面结构平面图的组成;
- 掌握屋面结构平面图的读图方法,能够阅读设备工程图,能够绘制给排水平面图、给排水系统图。
2. 知识目标
- 掌握建筑施工图、建筑总平面图、建筑平面图、建筑立面图、建筑剖面图、建筑详图、结构施工图主要内容;
- 掌握钢筋混凝土优点及钢筋的分类、作用等基础知识;
- 掌握基础的基本类型、楼层结构平面图、屋面结构平面图;
- 掌握室内给排水工程图的组成、图示方法和特点。
3. 素质目标
- 培养相关技术人员识图画图能力和严谨的工作态度;
- 通过阅读建筑工程图,培养学生分析问题的能力。

 相关案例——某新建公寓楼施工图

　　本建筑物为六层砖混结构公寓楼,共两个单元,一梯两户,本工程按八度抗震烈度设防,合理使用年限为 50 年,本工程±0.000 以上采用承重黏土空心砖,混合砂浆砌筑墙体,±0.000 以下采用承重黏土实心砖,混合砂浆砌筑墙体,卫生间低于楼地面 20 mm,厨房 0.5%找坡,坡向地漏。

典型工作任务 1 建筑施工图的识读与绘制

3.1.1 工作任务

总体了解建筑施工图;绘制、识读建筑施工图。

3.1.2 相关配套知识

1. 概述

(1)房屋的类型和组成

①房屋的类型

房屋也称建筑物,是供人们居住、生活以及从事各种生产活动的场所。根据它们的使用性质不同,大致可以分为:工业建筑(工厂等)、农业建筑(饲养场、粮仓等)、民用建筑(住宅、宾馆饭店、办公楼、商场、学校等)三大类。

工业建筑和农业建筑合称生产性建筑,民用建筑又称非生产性建筑。民用建筑又分为公共建筑和居住建筑。按建筑物高度和层数不同,又可分为单层、多层、高层、超高层建筑。

②房屋的组成及作用

各种不同的建筑物,尽管它们的使用要求、空间组合、外形处理、结构形式、构造方式及规模等方面有各自的特点,但其基本构造是相似的。如图 3.1 所示,都是由基础、墙(或柱)、楼地面、屋面、楼梯和门窗等六大基本部分组成。它们各处不同的部位、发挥着不同的作用。此外,一般建筑物还有其他配件和设施,如通风道、垃圾道、阳台、雨篷、雨管道、勒脚、散水、明沟等。

a. 基础:基础是房屋最下面的结构部分,它的作用是承受房屋的全部荷载,并将这些荷载传给地基。

b. 墙或柱:墙和柱是建筑物的竖向承重构件,是建筑物的重要组成部分。墙体是房屋的承重和围护及分隔构件,同时又兼有保温、隔声、隔热等作用。

按位置不同,墙有外墙内墙之分。外墙起承重、保护及围护作用,内墙起承重及分隔空间的作用。

c. 楼地面:楼面和地面是楼房中水平方向的承重构件,除承受荷载外,楼面在垂直方向上将房屋空间分隔成若干层。

d. 屋面:屋面是房屋顶部围护和承重的构件。它和外墙组成了房屋的外壳,起围护作用,抵御自然界中风、雨、雪、太阳辐射等条件的侵蚀,同时又承受作用在其上的荷载。根据屋面坡度不同,有平屋面和坡屋面之分。

e. 楼梯:楼梯是房屋上下楼层之间的垂直交通设施。供人们上下楼层和紧急疏散之用。

f. 门窗:门主要用于室内外交通和疏散,也有分隔房间、通风等作用。窗主要用于采光、通风。

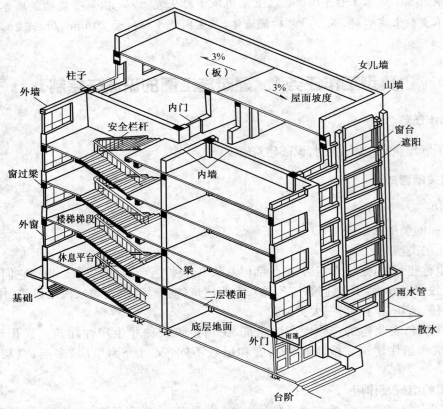

图 3.1   房屋的组成

（2）房屋建筑工程图的产生与分类

①房屋建筑工程图的产生

建造一幢房屋需要经历设计和施工两个过程。设计时需要把房屋用图形表达出来，这种图形统称为房屋建筑工程图，简称房屋建筑图。

设计工作是完成基本建设任务的主要环节。一般房屋设计过程包括两个阶段，即初步设计和施工图设计阶段。对于大型的、比较复杂的工程，采用三个设计阶段，即在初步设计阶段后增加一个技术设计阶段，来解决各工种之间协调等技术问题。

初步设计的主要任务是根据建设单位提出的设计任务和要求，进行调查研究、收集资料、提出设计方案，其内容包括必要的工程图纸、设计概算和设计说明等。初步设计的工程图纸和有关文件只是作为提供方案研究和审批之用，不能作为施工依据。

施工图设计的主要任务是满足工程施工各项具体技术要求，提供一切准确可靠的施工依据，其内容包括工程施工所有专业的基本图、详图及其说明书、计算书等。此外还应有整个工程的施工预算书。整套图纸是设计人员的最终成果，是施工单位进行施工的依据。所以施工图设计的图纸必须详细完整、前后统一、尺寸齐全、正确无误、符合国家建筑制图标准。

②房屋建筑工程图的分类

一套房屋建筑工程图，根据其内容和作用不同，一般分为：

a. 施工首页图（简称首页图）包括图纸目录和设计总说明。

b. 建筑施工图（简称建施）包括总平面图、平面图、立面图、剖面图和构造详图等。

c. 结构施工图(简称结施)包括结构设计说明、结构布置平面图和各种结构构件的结构详图。

d. 设备施工图(简称设施)包括给水排水、采暖通风、电气设备的平面布置图、系统图和详图等。

(3)建筑施工图的内容及图示特点

①建筑施工图的内容及用途

建筑施工图主要表达建筑物的总体布局、外部造型、内部布置、内外装修、细部构造、尺寸、结构构造、材料做法、设备和施工要求等。其基本图纸包括:施工总说明、总平面图、建筑平面图、建筑立面图、建筑剖面图、建筑详图和门窗表等。

建筑施工图是房屋施工时定位放线、砌筑墙身、制作楼梯、安装门窗、固定设施以及室内外装饰的主要依据,也是编制工程预算和施工组织计划等的主要依据。

②建筑施工图的图示特点

为确保图纸质量,提高制图和识图效率,在绘制施工图时必须严格遵守下列标准:《房屋建筑制图统一标准》GB/T 50001—2010、《总图制图标准》GB/T 50105—2001 和《建筑制图标准》GB/T 50104—2001。

a. 图线:施工图中的不同内容采用不同规格的图线绘制,选取规定的线型和线宽,用以表明内容的主次和增加图面效果。总的原则是剖切面的截交线和房屋立面图中的外轮廓线用粗实线,次要的轮廓线用中实线,其他的一律用细实线。可见的用实线,不可见的用虚线。

b. 比例:房屋的平、立、剖面图采用小比例绘制,对无法表达清楚的部分,采用大比例绘制的建筑详图来表达。

c. 标准图和标准图集:为了加快设计和施工进度,提高设计与施工质量,把房屋工程中常用的构配件按统一的模式、不同规格设计出系列施工图,供设计部门、施工企业选用。这样的图称为标准图。装订成册后就称为标准图集。

按照适用范围标准图集大体分为三类:

(a)第一类是国家标准图集,经国家建设委员会批准,可以在全国范围内使用;

(b)第二类是地方标准图集,经各省、市、自治区有关部门批准,可以在相应地区范围内使用;

(c)第三类是设计单位编制的标准图集,仅供本单位设计使用,此类标准图集用得很少。

按照工种分类:

(a)建筑构件标准图集,一般用"G"或"结"表示。

(b)建筑配件标准图集,一般用"J"或"建"表示。

d. 图例:建筑施工图中会有大量的图例。由于房屋的构、配件和材料种类较多,为作图简便起见,"国标"规定了一系列的图形符号来代表建筑构配件、卫生设备、建筑材料等,这种图形符号称为图例。

③绘制施工图的有关规定

a. 图线:建筑施工图中所用图线应符合表 3.1 的规定。

b. 比例:房屋建筑体形庞大,通常需要缩小后才能画在图纸上。建筑施工图中,建筑物或构筑物的平、立、剖面图常用比例为 1∶100、1∶150、1∶200 等。建筑物或构筑物的详图局部放大图常用比例为 1∶20、1∶50 等。

表 3.1　线型与线宽

图线名称	线型	线宽	用　　途
1. 粗实线	——————	b	1. 平、剖视图中被剖切的主要建筑构造(包括构配件)的轮廓线 2. 建筑立面图的外轮廓线 3. 建筑构造详图中被剖切的主要部分的轮廓线 4. 建筑构配件详图中的构配件的外轮廓线 5. 平、立、剖面图的剖切符号
2. 中粗线	——————	$0.5b$	1. 平、剖视图中被剖切的次要建筑构造(包括构配件)的轮廓线 2. 建筑平、立、剖视图中建筑构配件的轮廓线 3. 建筑构造详图及建筑构配件详图中一般轮廓线
3. 细实线	——————	$0.25b$	小于 $0.5b$ 的图形线、尺寸界线、图例线、索引符号、标高符号等
4. 中虚线	– – – – –	$0.5b$	1. 建筑构造及建筑构配件不可见的轮廓线 2. 平面图中的起重机(吊车)轮廓线 3. 拟扩建的建筑物轮廓线
5. 细虚线	- - - - - -	$0.25b$	图例线、小于 $0.5b$ 的不可见轮廓线
6. 粗点划线	—— · ——	b	起重机(吊车)轨道线
7. 细点划线	– · – · –	$0.25b$	中心线、对称线、定位轴线
8. 折断线	——⌐∨——	$0.25b$	不需画全的断开界线
9. 波浪线	～～～	$0.25b$	不需画全的断开界线、构造层次的断开界线

　　c. 定位轴线

　　房屋中承受重量的墙或柱数量、类型都很多,为确保工程质量、准确施工定位,在建筑平面图中采用轴线网格划分平面。这些轴线叫定位轴线。

　　建筑施工图中的定位轴线是确定建筑物主要承重构件位置的基准线,是施工定位、放线的重要依据。

　　定位轴线采用细点画线绘制,轴线的端头绘一细实线圆,圆的直径为 8mm,详图上可增为 10mm,圆心应在轴线的延长线上。平面图轴线应注在下方和左侧,横向编号用数字,从左至右顺序编号;竖向编号采用大写英文字母,自下至上顺序编写,但是 I、O、Z 三个字母不能用于编号,以防与 1、0、2 混淆,字母不够用时,可以用双字母或字母加下脚标表示,如 AA、BB,或 A_1、B_1 等。

　　附加轴线的编号应以分数表示。在两个轴线间的附加轴线,应以分母表示前一轴线的编号,分子表示附加轴线的编号,编号采用数字如 1/1,1/A 等。

d. 索引符号和详图符号

建筑工程图中某一局部无法表达清楚时,通常放大单独绘制,称为详图,为便于查找和对照阅读,通常用索引符号和详图符号表示基本图与详图的关系。

索引符号如图 3.2 所示,用一条引出线指出要画详图的地方,在线的另一端画一个细实线圆,其直径为 10mm。

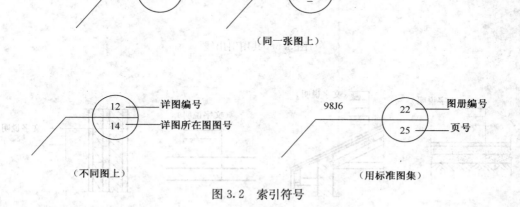

图 3.2 索引符号

e. 标高(如图 3.3)

标高表示建筑物某一部位相对于基准面(标高的零点)的垂直高度,是垂直定位的依据。标高按基准面的不同分为相对标高和绝对标高。相对标高可以自由选定,一般以建筑物一层主要地面作为零点;绝对标高,以国家或地区统一规定的基准面作为零点标高。我国规定黄海平均海平面作为标高的零点。

标高注法为 3 毫米高的等腰三角形,用细实线绘,可以指在标高顶面上,也可以指在引出线上,总平面上的标高符号,用涂黑表示。

图 3.3 标高符号的画法

f. 引出线

引出线应以细实线绘制,采用水平方向的直线,或与水平方向成 30°、45°、60°、90°的直线,或经上述角度再折为水平线。文字说明应注写在水平线的上方,也可注写在水平线的端部。索引详图的引出线应与水平直线相连接,如图 3.4 所示。

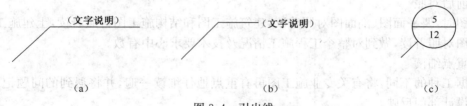

图 3.4 引出线

同时引出几个相同部分的引出线,宜互相平行,也可画成集中于一点的放射线,如图 3.5 所示。

多层构造或多层管道共用引出线,应通过被引出的各层如图 3.6 所示。

图 3.5　共用引出线

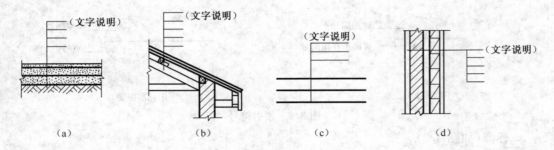

图 3.6　多层构造引出线

图 3.7　指北针

g. 指北针:指北针用来表示建筑物的朝向,指北针用细实线圆绘制,圆的直径 24mm,指针尖为北向,指针尾端宽 3mm,如图 3.7 所示。当采用更大直径圆时,尾端宽应是直径的 1/8。

(4)识图应注意的问题

识读施工图时,必须掌握正确的识读方法和步骤。在识读整套图纸时,应按照"总体了解、顺序识读、前后对照、重点细读"的读图方法。

①总体了解

一般是先看目录、总平面图和施工总说明,以大致了解工程的概况,然后看建筑平、立面图和剖面图,大体上想象一下建筑物的立体形象及内部布置。

②顺序识读

在总体了解建筑物的情况以后,根据施工的先后顺序,从基础、墙体(或柱)、结构平面布置、建筑构造及装修的顺序,仔细阅读有关图纸。

③前后对照

读图时,要平面图、剖面图对照着读,建筑施工图和结构施工图对照着读,土建施工图与设备施工图对照着读,做到对整个工程施工情况及技术要求心中有数。

④重点细读

根据工种的不同,将有关专业施工图再有重点地仔细读一遍,并将遇到的问题记录下来,及时向设计部门反映。

识读一张图纸时,应按由外向里、由大到小、由粗至细、图样与说明交替、有关图纸对照看的方法,重点看轴线及各种尺寸关系。

2. 施工总说明和建筑总平面图

(1)施工总说明

拟建房屋的施工要求和总体布局,由施工总说明和建筑总平面图表示出来。一般中小型房屋建筑施工图首页(即是施工图的第一页)就包含了这些内容。

对整个工程的统一要求(如材料、质量要求)具体做法及该工程的有关情况都可在施工总说明中作具体的文字说明。

(2)总平面图

①总平面图的形成和用途

将新建工程四周一定范围内的新建、拟建、原有和拆除的建筑物、构筑物连同其周围的地形、地物状况用水平投影和相应的图例所画出的工程图样,即为总平面图。总平面图主要是表达了新建房屋的位置、朝向、与原有建筑物的关系,以及周围道路、绿化和给水、排水、供电条件等方面的情况。作为新建房屋施工定位、土方施工、设备管网平面布置,安排在施工时进入现场的材料和构件、配件堆放场地、构件预制的场地以及运输道路的依据。

②总平面图的图示特点

a. 总平面图因包括的地方范围较大,所以绘制时都用较小的比例,如 1∶2000、1∶1000、1∶500等。在实际工作中,由于各地方国土管理局所提供的地形图的比例为 1∶500,故我们常接触的总平面图中多采用这一比例。

b. 总平面图上标注的尺寸,一律以米为单位。

c. 由于比例较小,总平面图上的内容一般按图例绘制,所以总图中使用的图例符号较多。

总平面图是用正投影的原理绘制的,图形主要是以图例的形式表示。下面给出了部分常用的总平面图图例符号,见表 3.2,画图时应严格执行该图例符号。

③总平面图图示内容

a. 新建筑物:拟建房屋,用粗实线框表示,并在线框内,用数字或点表示建筑层数。

b. 新建建筑物的定位:总平面图的主要任务是确定新建建筑物的位置,通常是利用原有建筑物、道路等来定位。

c. 新建建筑物的室内外标高:我国把青岛市外的黄海海平面作为零点所测定的高度尺寸,称为绝对标高。在总平面图中,用绝对标高表示高度数值,单位为 m。

d. 相邻有关建筑、拆除建筑的位置或范围:原有建筑用细实线框表示,并在线框内,也用数字表示建筑层数。拟建建筑物用虚线表示。拆除建筑物用细实线表示,并在其细实线上打叉。

e. 附近的地形地物:如等高线、道路、水沟、河流、池塘、土坡等。

f. 指北针和风向频率玫瑰图:在总平面图上,应画出指北针或风向频率玫瑰图来表示建筑物的朝向,如图 3.8 所示。风玫瑰图是根据当地多年平均统计的各个方向吹风次数的百分数,按一定比例绘制的,风的吹向指的是从外吹向中心。实线表示全年风向频率,虚线表示按 6、7、8 三个月统计的风向频率。明确风向有助于建筑构造的选用及材料的堆场,如有粉尘的材料应堆放在下风位。

表 3.2　常见图例符号（详见 GB/T 50103—2010）

名称	图例	说明	名称	图例	说明
新建建筑物		1. 需要时,可用▲表示出入口,可在图形内右上角用点或数字表示层数 2. 建筑物外形(一般以±0.00高度处的外墙定位轴线或外墙面线为准)用粗实线表示,需要时,地面以上建筑用中粗实线表示,地面以下建筑用细虚线表示	新建的道路	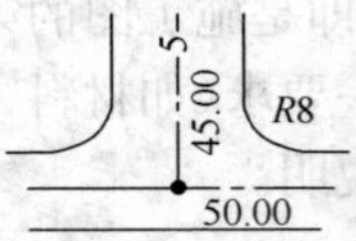	"R8"表示道路转弯半径为8 m,"50.00"为路面中心控制点标高,"5"表示5%,为纵向坡度,"45.00"表示变坡点间距离
原有的建筑物	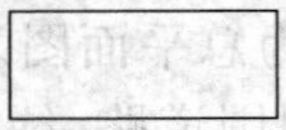	用细实线表示	原有的道路		
计划扩建的预留地或建筑物		用中粗虚线表示	计划扩建的道路	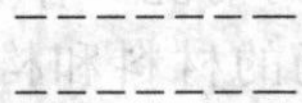	
拆除的建筑物	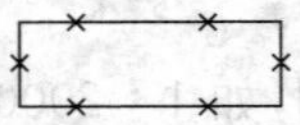	用细实线表示	拆除的道路	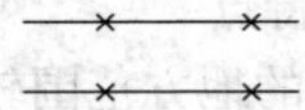	
坐标	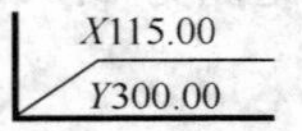 X115.00 Y300.00	表示测量坐标	桥梁	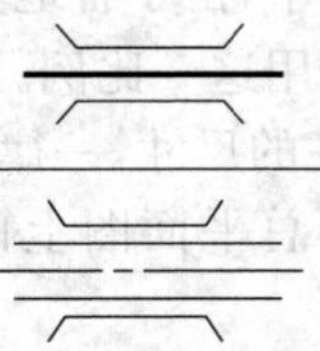	1. 上图表示铁路桥,下图表示公路桥 2. 用于旱桥时应注明
	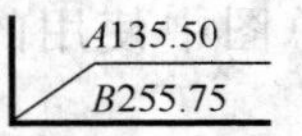 A135.50 B255.75	表示建筑坐标			
围墙及大门	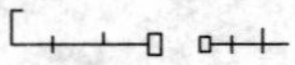	上图表示实体性质的围墙,下图表示通透性质的围墙,如仅表示围墙时不画大门	护坡	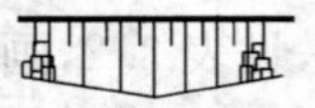	1. 边坡较长时,可在一端或两端局部表示 2. 下边线为虚线时,表示填方
	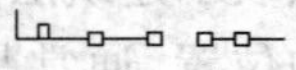		填挖边坡		
台阶		箭头指向表示向下	挡土墙		被挡的土在"突出"的一侧
铺砌场地	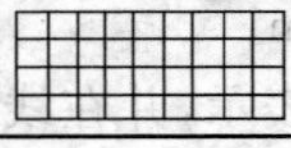		挡土墙上设围墙	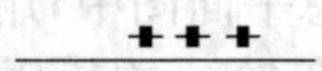	

④建筑总平面图的识读

下面以某单位住宅楼总平面图为例说明总平面图的识读方法,如图 3.9 所示。

a. 了解图名、比例。该施工图为总平面图,比例 1：500。

b. 了解工程性质、用地范围、地形地貌和周围环境情况。从图中可知,本次新建三栋住宅楼,编号分别是 7、8、9,位于同一住宅小区,建造层数都为六层。新建建筑东面有一小池塘,池塘上有一座小桥,过桥后有一六面体小厅。新建建筑西面为俱乐部,一层,俱乐部中间有一天井。俱乐部后面是服务中心,服务中心和俱乐部中间有一花池,花池中心的坐标 $A=1\,742$ m,$B=550$ m。俱乐部西面是已建成的六栋六层住宅楼。新建建筑北面计划扩建一栋住宅楼。

c. 了解建筑的朝向和风向。本图右上方,是带指北针的风玫瑰图,表示该地区全年以东南风为主导方向。从图中可知,新建建筑的方向坐北朝南。

d. 了解新建建筑的准确位置。图中新建建筑物采用建筑坐标定位方法,坐标网格 100 m×100 m,所有建筑对应的两个角全部用建筑坐标定位。

3. 建筑平面图

(1)建筑平面图的形成和作用

①建筑平面图的形成

建筑平面图是将房屋用一假想的水平剖切平面沿门窗洞口的位置剖切后,移去剖切平面以上的部分,再将剖切平面以下的部分作正投影所得到的水平剖面图,简称平面图,如图 3.10 所示。

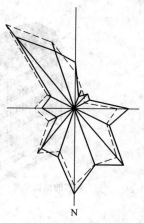

图 3.8　风向玫瑰频率图

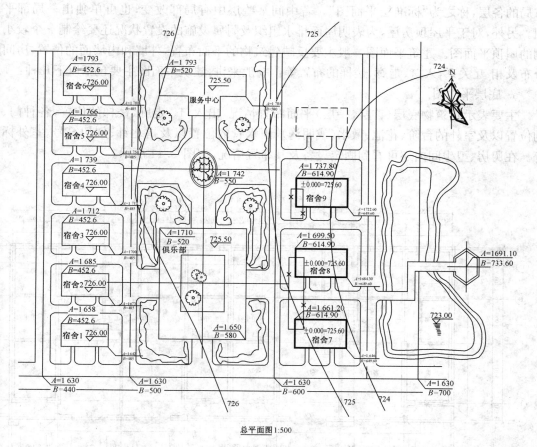

总平面图 1:500

图 3.9　总平面图

一栋房屋究竟应该绘制多少平面图是要根据房屋复杂程度而定。一般情况下,房屋有几层就应画几个平面图并在图的下方标注相应的图名,如"底层平面图"、"顶层平面图"等。图名下方应加粗实线的下画线,图名右方标注比例。

当房屋中间若干层的平面布局、构造情况完全一致时,则可用一个平面图来表达这些相同

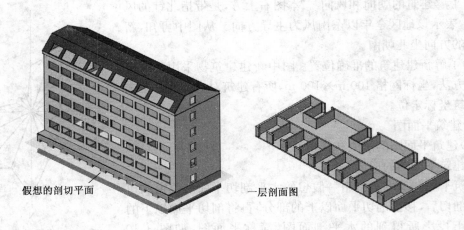

图 3.10　建筑平面图的形成

布局的各层,称之为"标准层平面图"。若中间某些层中有局部改变,也可单独出一局部平面图。另外,对于平屋顶房屋,为表明屋面排水组织及附属设施的设置状况还要绘制一个较小比例的屋顶平面图。建筑平面图一般主要反映建筑物的平面布置,外墙和内墙面的位置,房间的分布及相互关系,入口、走廊、楼梯的布置等。一般来讲,建筑平面图主要包括以下几种:

a. 底层平面图

主要表示建筑物底层(首层,一层)平面布置情况,出入口、走廊、楼梯的位置,各种门、窗的位置以及室外的台阶、花池、散水(或明沟)、雨水管的位置以及指北针、剖切符号、室外标高等。在厨房、卫生间内还可看到固定设备及其布置情况,如图 3.11 所示。

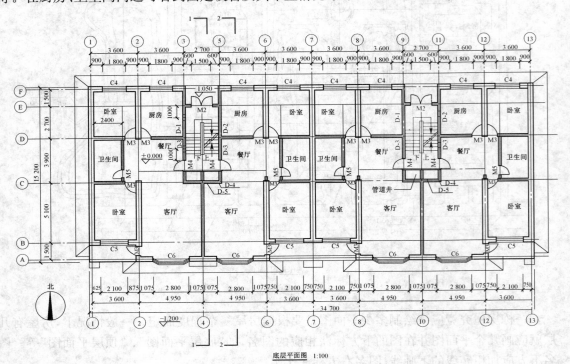

底层平面图　1:100

图 3.11　底层平面图

b. 楼层平面图

平面图的图示内容与底层平面图相同,因为室外的台阶、花坛、明沟、散水和雨水管的形状和位置已经在底层平面图中表达清楚,所以中间各层平面图除要表达本层室内情况外,只需画出本层的室外阳台和下一层室外的雨篷、遮阳板等。此外,因为剖切情况不同,楼层平面图中楼梯间部分表达梯段的情况与底层平面图也不同,如图 3.12 所示。

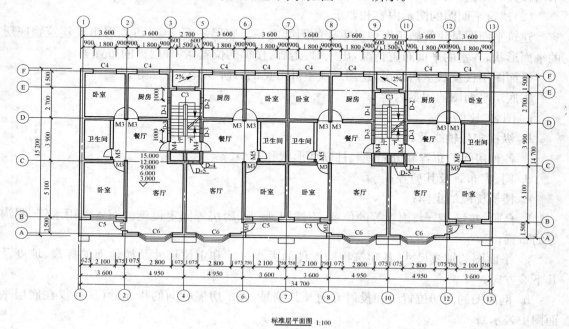

图 3.12 标准层平面图

c. 屋顶平面图

屋顶平面图是房屋顶面的水平投影,主要表示屋顶的形状,屋面排水的方向及坡度、天沟或檐口的位置,另外还要表示出女儿墙、屋脊线、雨水管、水箱、上人孔、避雷针的 位置。屋顶平面图比较简单,故可用较小的比例来绘制,如图 3. 13 所示。

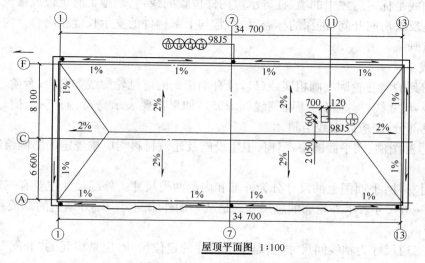

图 3.13 屋顶平面图

②建筑平面图的作用

建筑平面图是建筑施工图中最基本的图样之一。主要表示建筑物的平面形状、大小、房屋布局、门窗位置、楼梯、走道安排、墙体厚度及承重构件的尺寸等。它是施工放线、砌筑、安装门窗、作室内外装修以及编制预算、备料等工作的依据。房屋的建筑平面图一般比较详细,通常采用较大的比例,如 1：100、1：50,并标出详细尺寸。

(2)建筑平面图的图示内容和要求

建筑平面图是建筑施工图中最重要的图纸之一。底层平面图中,可以看出该建筑物底层的平面形状,各室的平面布置情况,出入口、走廊、楼梯的位置,各种门窗的布置等。

平面图不仅反映室内情况,还需反映室外可见的台阶、明沟、花坛等。

①底层平面图的图示内容

a. 图名、比例;

b. 纵横定位轴线及其编号;

c. 各种房间的布置和分隔,墙、柱断面形状和大小;

d. 门、窗布置及其型号;

e. 楼梯梯段的走向;

f. 台阶、花坛、阳台、雨篷等的位置,盥洗间、厕所、厨房等固定设施的布置及雨水管、明沟等的布置;

g. 平面图的轴线尺寸,各建筑物构配件的大小尺寸和定位尺寸及楼地面的标高、坡度及其下坡方向;

h. 剖面图的剖切位置线和投射方向及其编号,表示房屋朝向的指北针(这些仅在底层平面图中表示);

i. 详图索引符号;

j. 施工说明等

②平面图的要求

a. 比例:常用比例是 1：200,1：100, 1：50 等,必要时可用比例是 1：150,1：300 等。

b. 定位轴线

定位轴线是标定房屋中的墙、柱等承重构件位置的线,它是施工时定位放线及构件安装的依据。它是反映房间开间、进深的标志尺寸,常与上部构件的支承长度相吻合。定位轴线和中心线用细点画线。

c. 图线

被剖切到的墙柱轮廓线画粗实线(b),没有剖切到的可见轮廓线如窗台、台阶、楼梯等画中实线($0.5b$),尺寸线、标高符号等画细线($0.25b$),如果需要表示高窗、通气孔、槽、地沟及起重机等不可见部分,则应以虚线绘制。

d. 代号和图例:在平面图中,门窗、卫生设施及建筑材料均应按规定的图例绘制,见表3.3所示。

e. 尺寸标注:平面图上的尺寸分为外部和内部两类尺寸。外部尺寸主要有三道:

(a)第一道尺寸表示外轮廓的总尺寸。是从一端外墙到另一端外墙边的总长和总宽(外包尺寸);

(b)第二道尺寸为轴线间尺寸,它是承重构件的定位尺寸,也是房间的"开间"和"进深"尺寸;第三道尺寸是细部尺寸,表明门、窗洞、洞间墙的尺寸等。

表 3.3 常用建筑构造配件图例

名称	线型符号	说　明
墙体		应加注文字或填充图例表示墙体材料,在项目设计图纸说明中列材料图全表给予说明
单开门	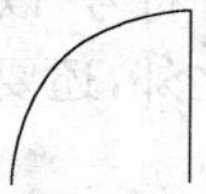	
双开门	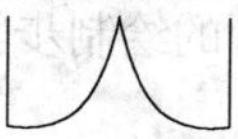	1. 门的名称代号为 M,平面图中下为外,上为内 2. 平面图上的开启线 90 度或 45 度开启弧线宜绘出
对开折叠门		
窗		窗的名称代号为:C
推拉窗		
底层楼梯	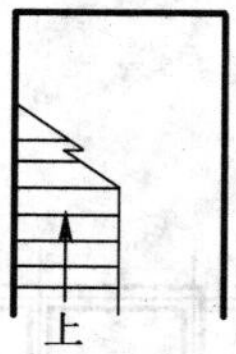	
中间层楼梯	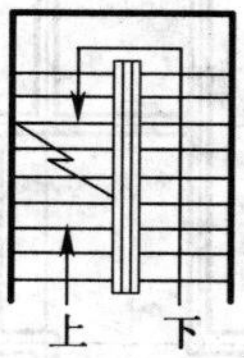	1. 上图为底层楼梯平面,中图为中间层楼梯平面,下图为顶层楼梯平面 2. 楼梯及栏杆扶手的形式和梯段踏步数应按实际情况绘制
顶层楼梯	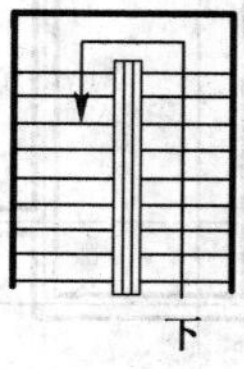	
孔洞	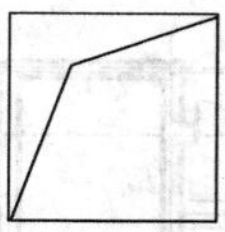 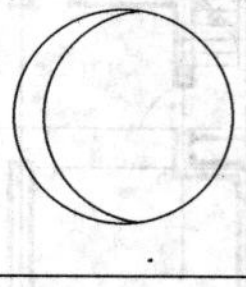	阴影部分可以涂色代替
墙预留洞		1. 以洞中心或洞边定位 2. 宜以涂色区别墙体和留洞位置

　　f. 剖切位置线与索引符号：建筑剖面图的剖切位置和投射方向，应在底层平面图中用剖切位置线表示，并应编号；凡套用标准图集或另有详图表示的构配件、节点，均需画出详图索引符号，以便对照阅读。

　　g. 建筑物的朝向：有时在底层平面图外面，还要画出指北针符号，以表明房屋的朝向。

　　h. 标高：在平面图上，除注出各部长度和宽度方向的尺寸之外，还要注出楼地面等的相对标高，以表明各房间的楼地面对标高零点的相对高度。

　　(3)绘制前首先要选定图幅、确定绘图比例、布置图面。平面图的绘制步骤，如图3.14所示：

　　①确定绘制建筑平面图的比例和图幅。

　　首先根据建筑的长度、宽度和复杂程度以及尺寸标注所占用的位置和必要的文字说明的位置确定图纸的幅面及绘图比例。

　　②画底图

　　a. 画图框线和标题栏；

　　b. 布置图面，画定位轴线，墙身线；

　　c. 在墙体上确定门窗洞口的位置；

　　d. 画楼梯散水等细部。

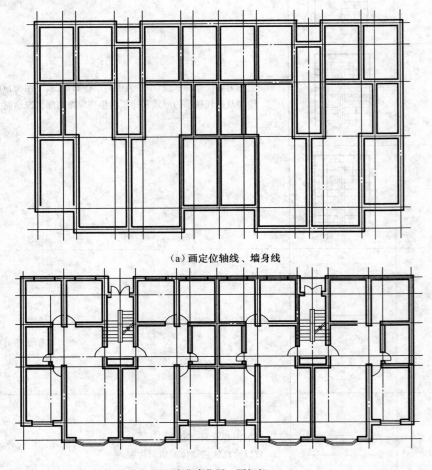

(a)画定位轴线、墙身线

(b)定位窗位置，画细部

图3.14　平面图的绘制步骤

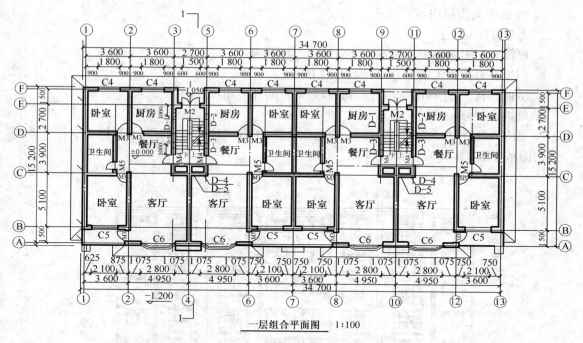

一层组合平面图　1∶100

（c）检查后，加深图线，尺寸标注，完成平面图

图 3.14　平面图的绘制步骤

③仔细检查底图，无误后，按建筑平面图的线型要求加深。

④写图名、比例等其他内容。

4. 建筑立面图

（1）概述

建筑立面图是将房屋各个立面向与之平行的投影面投射所得的图样，简称立面图。立面图主要反映房屋各部位的高度、外貌和装修要求，是建筑外装修的主要依据。如图 3.15 所示，是建筑立面图的形成过程。

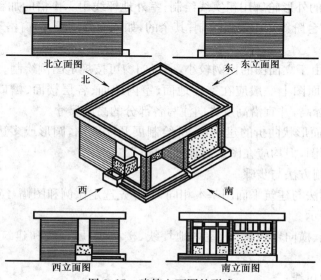

图 3.15　建筑立面图的形成

(2)立面图的图示内容和要求

①基本内容

a. 建筑立面图主要表达建筑物外立面的形状；

b. 门窗在外立面上的分布、外形、开启方向；

c. 屋顶、阳台、台阶、雨篷、窗台、勒脚、雨水管的外形和位置；

d. 外墙面装修做法；

e. 室内外地坪、窗台窗顶、阳台面、雨篷底、檐口等各部位的相对标高及详图索引符号等。

②图示方法(图 3.16、图 3.17)。

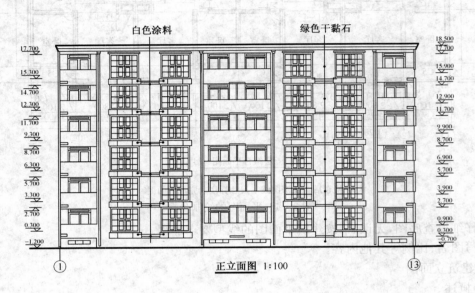

图 3.16　正立面图

a. 定位轴线：在立面图中一般只画出两端的轴线及其编号，以便与平面图对照识读。

b. 图线：立面图的外形轮廓用粗实线绘制；室外地坪线用 1.4 倍的加粗实线绘制；门窗洞口、檐口、阳台、雨篷、台阶等用中实线绘制；其余的，如墙面分隔线、门窗格子、雨水管以及引出线等均用细实线绘制。

c. 图例及符号：由于立面图的比例较小，所以门窗可按规定图例绘制。

d. 尺寸标注：立面图上一般应在室外地面、室内地面、各层楼面、檐口、窗口、窗顶、雨篷底、阳台面等处注写标高，并宜沿高度方向注写各部分的高度尺寸。

e. 其他规定：平面形状曲折的建筑物，可绘制展开立面图，圆形或多边形平面的建筑物，可分段展开绘制立面图，但均应在图名后加注"展开"二字。

(3)立面图的绘制方法与步骤

建筑立面图的画法与建筑平面图基本相同，同样先选定比例和图幅，经过画底图和加深两个步骤，如图 3.18 所示。

①画室外地平线、横向定位轴线、室内地坪线、楼面线、屋顶线和建筑物外轮廓线。如图 3.18(a)所示；

②画各层门窗洞口线；

③画墙面细部,如阳台、窗台、楣线、门窗细部分格、壁柱、室外台阶、花池等,如图 3.18(b)所示。

④检查无误后,按立面图的线型要求加深图线。

⑤标注标高、首尾轴线、书写墙面装修文字,图名、比例等,说明文字一般用 5 号字,图名用 10～14 号字,如图 3.18(c)所示。

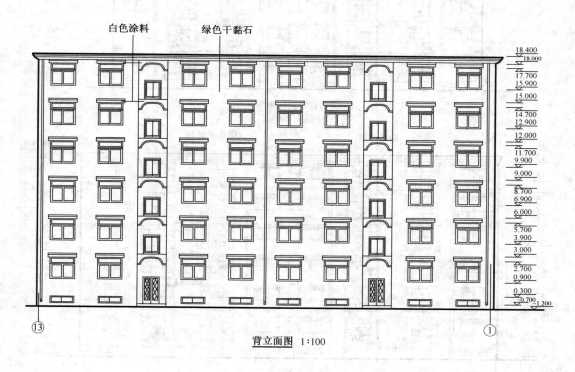

白色涂料　　　绿色干黏石

背立面图 1:100

图 3.17　背立面图

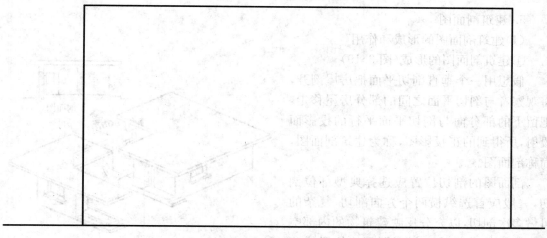

(a)画室外地坪线,外墙轮廓线,屋面线

图 3.18

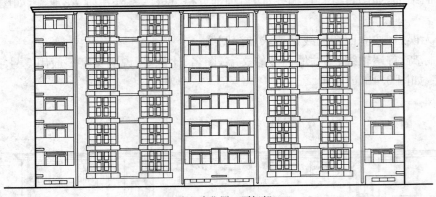

（b）定门窗位置，画细部

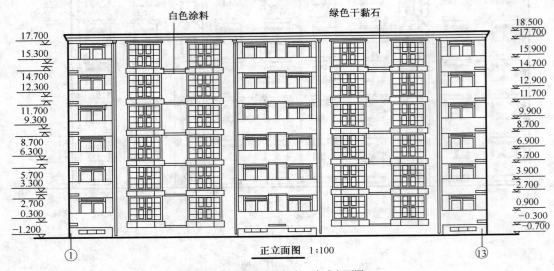

（c）加深图线，标注门窗洞口标高，完成立面图

图 3.18　立面图的绘制方法

5. 建筑剖面图

（1）建筑剖面图的形成和作用

①建筑剖面图的形成（图 3.19）

假想用一个垂直剖切平面把房屋剖开，将观察者与剖切平面之间的部分房屋移走，把留下的部分向与剖切平面平行的投影面投射，所得到的正投影图，称为建筑剖面图，简称剖面图。

剖面图的剖切位置应选择典型部位剖切，一般应首选纵横两个方向剖切，复杂的可做多次剖切，以充分反映建筑物的内部空间变化和构造做法。剖面图剖切位置线应在底层平面图中表示，剖切编号写在投射方

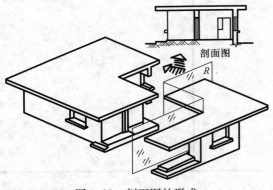

图 3.19　剖面图的形成

向一侧,宜向左、向上投射。

②建筑剖面图的作用

建筑剖视图用来表达建筑物内部垂直方向高度、楼层分层情况及结构形式和构造方式。它与建筑平面图、立面图相配合,是建筑施工图中不可缺少的重要图样之一。

(2)建筑剖面图的图示内容和要求

①比例:剖面图常用的比例为 1∶50、1∶100 和 1∶200。一般应尽量与平面图、立面图的比例一致。但有时也可用较平面图比例稍大的比例。由于比例较小,剖面图中的门、窗等构件采用《国标》规定的图例来表示。

②定位轴线:画出两端的轴线及编号以便与平面图对照。有时也画出中间轴线。

③图线:剖切到的墙身轮廓画粗实线(b);楼层、屋顶层在 1∶100 的剖面图中只画两条粗实线,在 1∶50 的剖面图中宜在结构层上方画一条作为面层的中粗线,而下方板底粉刷层不表示;室内外地坪线用加粗线(1.4 倍的粗实线)表示。可见部分的轮廓线如门窗洞、踢脚线、楼梯栏杆、扶手等画中粗线($0.5b$);图例线、引出线、标高符号、雨水管等画细实线($0.25b$)。

④投影要求:剖面图中除了要画出被剖切到的部分,还应画出投射方向上能看到的部分。室内地坪以下的基础部分,一般不在剖面图中表达,而在结构施工图中表达。

⑤图例:门、窗按规定图例绘制,砖墙、钢筋混凝土构件的材料图例与建筑平面图相同。

⑥尺寸标注:一般沿外墙注三道尺寸线,最外面一道从室外地坪到女儿墙压顶,是室外地面以上的总高尺寸;第二道为层高尺寸;第三道为勒脚高度、门窗洞高度、洞间墙高度、檐口厚度等细部尺寸。这些尺寸应与立面图相吻合。另外还需要用标高符号标出各层楼面、楼梯休息平台等的标高。

标高有建筑标高和结构标高之分。建筑标高是指地面、楼面、楼梯休息平台面等完成抹面装修之后的上皮表面的相对标高。结构标高一般是指梁、板等承重构件的下皮表面(不包括抹面装修层的厚度)的相对标高。

⑦其他标注:某些局部构造表达不清楚时可用索引符号引出,另绘详图。细部做法如地面、楼面的做法,可用多层构造引出标注。

(3)剖面图的绘制步骤

在画剖面图之前,根据平面图中的剖切位置线和编号,分析所要画的剖面图哪些是剖到的,哪些是看到的,做到心中有数,有的放矢。建筑剖面图的绘制步骤如下:

①根据进深尺寸,画出墙身的定位轴线;根据标高尺寸定出室内外地坪线、各楼面、屋面及女儿墙的高度位置,如图 3.20(a)所示。

②画出墙身、楼面、屋面轮廓如图 3.20(b)所示。

③定门窗和楼梯位置,画出梯段、台阶、阳台、雨篷、烟道等,如图 3.20(c)所示。

④检查无误后,擦去多余作图线,按图线层次描深。画材料图例,注写标高、尺寸、图名、比例及文字说明,如图 3.20(d)所示。

6. 建筑详图

(1)建筑详图的形成和作用

由于建筑平面图、立面图和剖面图一般采用较小的比例,在这些图上难以表示清楚建筑物某些部位的详细构造。根据施工需要,必须另外绘制比例大的详图,将某些建筑构配件(如门、窗、楼梯、阳台、雨水管等)及一些构造节点(如檐口、窗口、勒脚、明沟等)的形状、尺寸、材料、做法详细表达出来。由此可见,建筑详图是建筑细部的施工图,是建筑平面图、立面图、剖视图等基本图纸的补充和深化,是建筑工程的细部施工、建筑构配件的制作及编制预决算的依据。

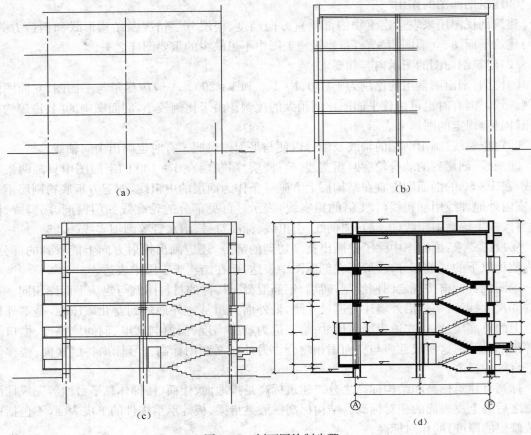

图 3.20　剖面图绘制步骤

(2)建筑详图的主要内容和要求

①图名(或详图符号)、比例;

②表达出构配件各部分的构造连接方法及相对位置关系;

③表达出各部位、各细部的详细尺寸;

④详细表达构配件或节点所用的各种材料及其规格;

⑤有关施工要求及制作方法说明等。

(3)墙身节点详图

墙身节点详图实际上是建筑剖面图中墙身节点的局部放大图,它表达了房屋的屋面、楼面、地面和檐口的构造及其与墙身等其他构件的关系,还表明了门窗顶、窗台、勒脚、散水(或明沟)等的构造,是施工的重要依据。

详图用较大的比例(如1∶20)画出。画图时,往往在窗洞中间处断开,成为几个节点详图的组合。如果多层房屋中各层的情况一样时,可只画底层、顶层或加一个中间层。详图的线型与剖面图一样,因为采用较大的比例,剖切到的断面上应画上规定的材料图例,墙身应用细实线画出粉刷层。

(4)外墙身详图

外墙身详图也叫外墙大样图,是建筑剖面图的局部放大图样,表达外墙与地面、楼面、屋面的构造连接情况以及檐口、门窗顶、窗台、勒脚、防潮层、散水、明沟的尺寸、材料、做法等构造情况,是砌墙、室内外装修、门窗安装、编制施工预算以及材料估算等的重要依据。

在多层房屋中,各层构造情况基本相同,所以,外墙身详图只画墙脚、檐口和中间部分三个节点。为了简化作图,通常采用省略方法画,即在门窗洞口处断开。

①外墙身详图的内容

a. 墙脚:外墙墙脚主要是指一层窗台及以下部分,包括散水(或明沟)、防潮层、勒脚、一层地面、踢脚等部分的形状、大小材料及其构造情况。

b. 中间部分:主要包括楼板层、门窗过梁、圈梁的形状、大小材料及其构造情况。还应表示出楼板与外墙的关系。

c. 檐口:应表示出屋顶、檐口、女儿墙、屋顶圈梁的形状、大小、材料及其构造情况。

d. 外墙身详图一般用 1:20 的比例绘制,由于比例较大,各部分的构造如结构层、面层的构造均应详细表达出来,并画出相应的图例符号,如图 3.21 所示。

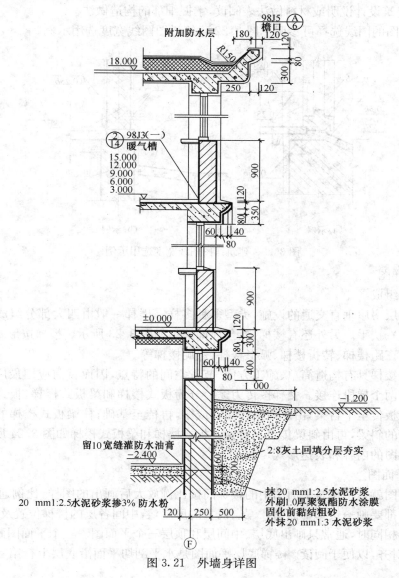

图 3.21 外墙身详图

②外墙身详图的基本内容

a. 表明建筑材料、墙厚及墙与轴线的关系；

b. 表明各层楼中的梁，板的位置及与墙身的关系；

c. 表明各层地面，楼面，屋面的构造做法；

d. 表明各主要部位的标高；

e. 表明门窗立口与墙身的关系。门窗立口：平内墙面，居墙中，平外墙面；

f. 表明各部位的细部装修及防水防潮做法，如图中的排水沟、散水、防潮层、窗台、窗檐、天沟等的细部做法。

③读图方法及步骤

a. 掌握墙身剖面图所表示的范围；

b. 掌握图中的分层表示法；

c. 掌握构件与墙体的关系，楼板与墙体的关系(靠墙或压墙)；

d. 结合建筑设计说明或材料做法表阅读，掌握细部的构造做法。

外墙身详图的图线选择可参照下图 3.22 建筑详图图线宽度选用示例。

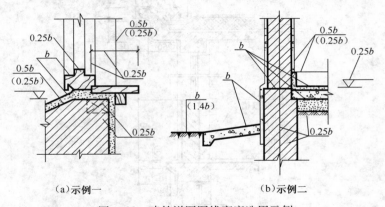

（a）示例一　　　　　　　　　（b）示例二

图 3.22　建筑详图图线宽度选用示例

(5)楼梯详图

①楼梯的组成

楼梯是多层房屋垂直交通的设施，类型多种多样。楼梯一般由四大部分组成：楼梯段、平台、栏杆(栏板)、扶手。另外还有楼梯梁、预埋件等。如图 3.23 所示。楼梯按形式分为单跑楼梯、双跑楼梯、三跑楼梯、转折楼梯、弧形楼梯、螺旋楼梯等。

由于双跑楼梯具有构造简单、施工方便、节省空间的特点，因而目前应用最广。双跑楼梯是指每层楼有两个梯段连接。楼梯按传力途径分为板式楼梯和梁板式楼梯，板式楼梯的传力途径是荷载由板传至平台梁，由平台梁传至墙或梁，再传至基础；柱梁板式楼梯的荷载由梯段传至支撑梯段的斜梁，再由斜梁传至平台梁。板式楼梯和梁板式楼梯如图 3.24 所示。

②楼梯详图的内容和表达形式

a. 楼梯平面图

楼梯平面图就是将建筑平面图中的楼梯间按比例放大后画出的图样，比例通常为 1∶50。一般每一层楼都要画一楼梯平面图。三层以上的房屋，若中间各层的楼梯位置及其梯段数、踏步数和大小都相同时，通常只画出底层、中间层和顶层三个平面图。三个平面图画在同一张图纸内，并互相对齐，以便于阅读。楼梯底层平面图是水平剖切平面沿底层上行第一梯段及单元

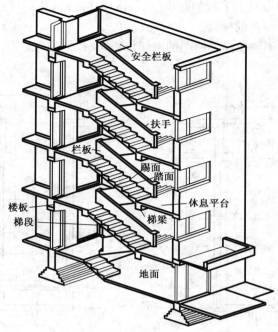

图 3.23　楼梯的组成

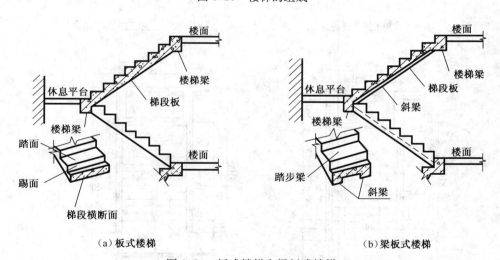

（a）板式楼梯　　　　　　　　　（b）梁板式楼梯

图 3.24　板式楼梯和梁板式楼梯

入口门洞的某一位置切开时,便可以得到底层平面图。

　　楼梯标准层平面图是水平剖切平面沿二层上行第一梯段及梯间窗洞口的某一位置切开时,便可得到标准层平面图。

　　楼梯顶层平面图是水平剖切平面沿顶层门窗洞口的某一位置切开时,便可得到顶层平面图。

　　下面以图 3.25 为例说明楼梯平面图的识读步骤。

　　(a)了解楼梯间在建筑物中的位置。

　　(b)了解楼梯间的开间、进深、墙体的厚度、门窗的位置。

　　(c)了解楼梯段、楼梯井和休息平台的平面形式、位置、踏步的宽度和数量。

（d）了解楼梯的走向以及上下行的起步位置，该楼梯走向如图中箭头所示。

（e）了解楼梯段各层平台的标高

（f）在底层平面图中了解楼梯剖面图的剖切位置，及投射方向。

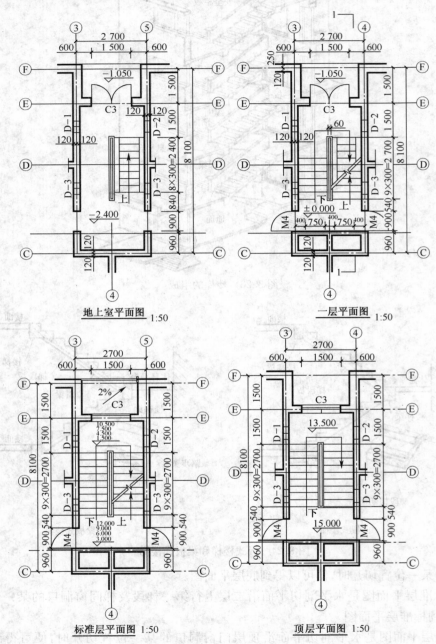

图 3.25　楼梯平面图

b. 楼梯剖面图

楼梯剖面图是楼梯垂直剖面图的简称，其剖切位置应通过各层的一个梯段和门窗洞口，假想剖切后，向另一未剖到的梯段方向投射所得到的剖面图。

楼梯剖面图主要表达楼梯的梯段数、踏步数、类型及结构形式，表示各梯段、平台、栏杆等的构造及它们的相互关系。

下面以图3.26所示的某住宅楼楼梯剖面图为例,说明楼梯剖面图的识读方法。

(a)了解楼梯的构造形式;

(b)了解楼梯在垂直和进深方向的有关尺寸;

(c)了解楼梯段、平台、栏杆、扶手等的构造和用料说明;

(d)被剖切梯段的踏步级数;

(e)了解图中的索引符号,从而知道楼梯细部做法。

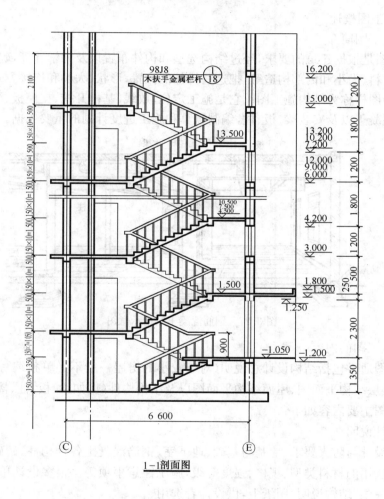

1-1剖面图

图3.26　楼梯剖面图

(6)门窗详图

①门窗详图由门窗的立面图、门窗节点剖面图、门窗五金表及文字说明等组成。

②门窗立面图表明门窗的组合形式、开启方式、主要尺寸及节点索引标志。

③门窗的开启方式由开启线决定,开启线有实线和虚线之分。

④门窗节点剖面图表示门窗某节点中各部件的用料和断面形状,还表示各部件的尺寸及其相互间的位置关系。

典型工作任务 2　结构施工图的识读与绘制

3.2.1　工作任务

了解结构施工图相关知识;识读和绘制结构施工图。

3.2.2　相关配套知识

1. 结构施工图概述

(1)结构施工图简介

结构施工图是根据建筑的要求,经过结构选型和构件布置以及力学计算,确定建筑各承重构件的形状、材料、大小和内部构造等,把这些构件的位置、形状、大小和连接方式绘制成图样,指导施工,这种图样称为结构施工图。它是施工定位、放线、基槽开挖、支模板、绑扎钢筋、设置预埋件、浇注混凝土以及安装梁、板、柱,编制预算和施工进度计划的重要依据。

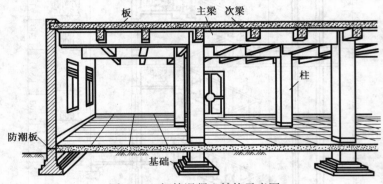

图 3.27　钢筋混凝土结构示意图

(2)结构施工图的内容

结构施工图通常包括结构设计总说明(对于较小的房屋一般不必单独编写)、基础平面图及基础详图、楼层结构平面图、屋面结构平面图以及结构构件(例如梁、板、柱、楼梯、屋架等)详图。结构施工图主要内容如下:

①结构设计说明

包括抗震设计与防火要求、地基与基础、地下室、钢筋混凝土各种构件、砖砌体、后浇带与施工缝等部分选用的材料类型、规格、强度等级,施工注意事项等。很多设计单位已将上述内容一一详列在一张"结构说明"图纸上,供设计者选用。

②结构平面图

a. 基础平面图。表示基础部分的平面布置图样,工业建筑还包括设备基础布置图。

b. 楼层结构平面布置图,表示预制梁、板及其他构件平面布置的图样,工业建筑还包括柱网、吊车梁、柱间支撑、连系梁布置等情况。

c. 屋面结构平面图包括屋面板、天沟板、屋架、天窗架及支撑布置等。

③结构构件详图

a. 梁、板、柱及基础结构详图;

b. 楼梯结构详图;

c. 屋架结构详图;

d. 其他详图如支撑详图等。

(3)常用结构构件代号

在结构施工图中,结构构件的位置用其图例代号表示,这些代号用汉语拼音的第一个大写字母表示。《建筑结构制图标准》(GB/T 50105—2001)规定结构构件的代号如表3.4所示。

表3.4 常用构件代号

序号	名称	代号	序号	名称	代号	序号	名称	代号
1	板	B	19	圈梁	QL	37	承台	CT
2	屋面板	WB	20	过梁	GL	38	设备基础	SJ
3	空心板	KB	21	过系梁	LL	39	桩	ZH
4	槽形板	CB	22	基础梁	JL	40	挡土墙	DQ
5	折板	ZB	23	楼梯梁	TL	41	地沟	DG
6	密肋板	MB	24	框架梁	KL	42	柱间支撑	ZC
7	楼梯板	TB	25	框支梁	KZL	43	垂直支撑	CC
8	盖板	GB	26	屋面框架梁	WKL	44	水平支撑	SC
9	挡雨板	YB	27	檩条	LT	45	梯	T
10	吊车安全道板	DB	28	屋架	WJ	46	雨篷	YP
11	墙板	QB	29	托架	TJ	47	阳台	YT
12	天沟板	TGB	30	天窗架	CJ	48	梁垫	LD
13	梁	L	31	框架	KJ	49	预埋件	M
14	屋面梁	WL	32	刚架	GJ	50	天窗端壁	TD
15	吊车梁	DL	33	支架	ZJ	51	钢筋网	W
16	单轨吊车梁	DDL	34	柱	Z	52	钢筋骨架	G
17	轨道连接	DGL	35	框架柱	KZ	53	基础	J
18	车挡	CD	36	构造柱	GZ	54	暗柱	AZ

2. 钢筋混凝土构件图

(1)钢筋混凝土有关知识

①混凝土

混凝土由水、水泥、黄砂、石子按一定比例拌和硬化而成。混凝土抗压强度高,混凝土的强度等级分为C7.5、C10、C15、C20、C25、C30、C35、C40、C45、C50、C55、C60、C65、C70、C75、C80等16个强度等级,数字越大,表示混凝土抗压强度越高。

混凝土的抗拉强度比抗压强度低得多,一般仅为抗压强度的 $1/10\sim 1/20$,而钢筋不但具有良好的抗拉强度,而且与混凝土有良好的黏合力,其热膨胀系数与混凝土相近,因此,两者常结合组成钢筋混凝土构件。

图 3.28 所示的两端支承在砖墙上的钢筋混凝土的简支梁,将所需的纵向钢筋均匀地放置在梁的底部与混凝土浇筑在一起,梁在均布荷载的作用下产生弯曲变形。

钢筋混凝土构件有现浇和预制两种。现浇指在建筑工地现场浇制,预制指在预制品工厂先浇制好,然后运到工地进行吊装,有的预制构件也可在工地上预制,然后吊装。

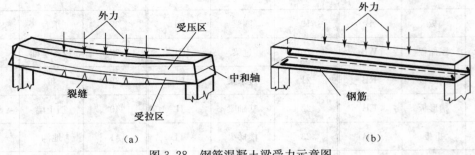

图 3.28　钢筋混凝土梁受力示意图

②钢筋

a. 钢筋的分类与作用

如图 3.29 所示,按钢筋在构件中的作用不同,构件中的钢筋可分为以下几类:

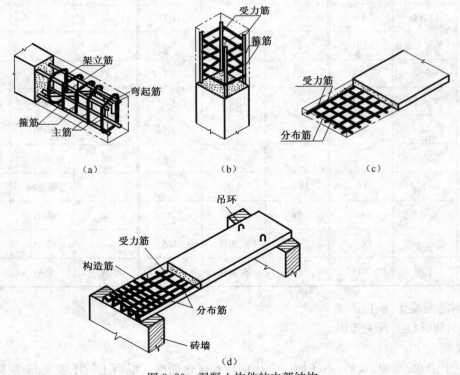

图 3.29　混凝土构件的内部结构

(a)受力筋

承受拉力或压力的钢筋,在梁、板、柱等各种钢筋混凝土构件中都有配置。

（b）架立筋

一般只在梁中使用，与受力筋、箍筋一起形成钢筋骨架，用以固定箍筋位置。

（c）箍筋

一般多用于梁和柱内，用以固定受力筋位置，并承受部分斜拉应力。

（d）分布筋

一般用于板内，与受力筋垂直，用以固定受力筋的位置，与受力筋一起构成钢筋网，使力均匀分布给受力筋，并抵抗热胀冷缩所引起的变形。

（e）构造筋

因构件在构造上的要求或施工安装需要而配置的钢筋。图 3.29（d）中的板，在支座处于板的顶部所加的构造筋，属于前者；两端的吊环则属于后者。

b. 钢筋的种类与符号

热轧钢筋是建筑工程中用量最大的钢筋，主要用于钢筋混凝土和预应力混凝土配筋。钢筋按其强度和品种分成不同的等级，并分别用不同的直径符号表示，如表 3.5 所示。

表 3.5 常用钢筋类型和钢筋符号

钢筋级别	钢筋符号	材料及表面形状
Ⅰ级	Φ	如：Q235 光圆钢筋
Ⅱ级	Φ	如：16 锰人字纹钢筋
Ⅲ级	Φ	如：25 锰硅人字纹钢筋
Ⅳ级	Φ	如：44 锰 2 硅光圆钢或螺纹钢
Ⅰ级冷拉	Φ^L	
冷拔低碳钢丝	Φ^b	

c. 钢筋的保护层及弯钩

（a）钢筋的保护层

钢筋混凝土构件的钢筋不允许外露。为了保护钢筋，防锈、防火和防腐蚀，在钢筋的外边缘与构件表面之间应留有一定厚度的保护层，如表 3.6 所示。

表 3.6 室内正常环境下钢筋混凝土构件钢筋保护层厚度

钢筋	构件种类		保护层厚度（mm）
受力筋	板	断面厚度≤100 mm	10
		断面厚度>100 mm	15
	梁、柱		25
	基础	有垫层	35
		无垫层	70
钢箍	梁、柱		15
分布筋	板		10

（b）钢筋的弯钩

为了使钢筋和混凝土具有良好的黏结力，应在光圆钢筋两端做成半圆弯钩或直弯钩；带纹钢筋与混凝土的黏结力强，两端可不做弯钩。箍筋两端在交接处也要做出弯钩。弯钩的常见形式和画法如图 3.30 所示。

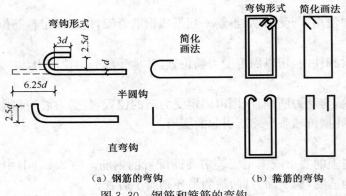

图 3.30　钢筋和箍筋的弯钩

d. 钢筋的一般表示方法

(a)钢筋的图示方法

在配筋图中,为了突出钢筋,混凝土构件不绘制材料图例,构件轮廓线用细实线画出,被剖到的钢筋用黑圆点表示,未剖到的钢筋用粗实线画出。一般钢筋的具体表示方法如表 3.7 所示:

表 3.7　一般钢筋常用图例

序号	名　　称	图　例	说　明
1	钢筋横断面	●	
2	无弯钩的钢筋端部		下图表示长、短钢筋投影重叠时,短钢筋的端部用 45°斜划线表示
3	带半圆形弯钩的钢筋端部		
4	带直钩的钢筋端部		
5	带丝扣的钢筋端部		
6	无弯钩的钢筋搭接		
7	带半圆弯钩的钢筋搭接		
8	带直钩的钢筋搭接		
9	花篮螺丝钢筋接头		
10	机械连接的钢筋接头		用文字说明机械连接的方式

(b)钢筋的标注方法

钢筋的直径、根数及相邻钢筋中心距在图样上一般采用引出线方式标注,其标注形式有下面两种:

标注钢筋的根数、级别和直径时,如图 3.31 所示;

标注钢筋的级别、直径及相邻钢筋的间距时,如图 3.32 所示;

构件中的钢筋,凡等级、直径、形状、长度等要素不同的,一般均应编号,并将数字写在直径为 6 mm 的细实线圆中,且将编号圆绘在引出线的端部,如图 3.33 所示:

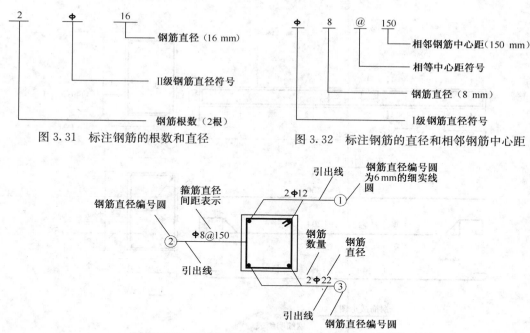

图 3.31　标注钢筋的根数和直径　　　　　图 3.32　标注钢筋的直径和相邻钢筋中心距

图 3.33　钢筋的编号

(2)钢筋混凝土构件详图的内容

钢筋混凝土构件详图包括模板图、配筋图、钢筋表和文字说明。

①模板图是表明构件的外形、预埋件、预留插筋、预留空洞的位置及各部分尺寸,有关高程以及构件与定位轴线的位置关系等。模板图通常由构件的立面图和剖面图组成。模板图是模板制作和安装的主要依据。

②配筋图着重表达构件内部钢筋的配置情况,需标记钢筋的规格、级别、数量、形状大小。配筋图是钢筋下料以及绑轧钢筋骨架的依据,是构件详图的主要图样。配筋图通常由构件立面图、断面图和钢筋详图组成。在钢筋构件配筋图中,各种钢筋都用符号表示其种类,并注明钢筋的根数、直径、级别等,如图 3.34 所示。

③钢筋表应表明构件编号、钢筋的编号、形状尺寸、规格尺寸、设计长度、根数、重量等。如图 3.34 所示。

④文字说明包括混凝土标号,板内分布筋的规格和间距,梁板主筋的保护层厚度等。

(3)钢筋混凝土梁、柱的结构详图

①钢筋混凝土梁的结构详图

以下以钢筋混凝土梁为例,详细介绍梁结构详图的内容和识读。

梁结构详图的传统表示法是画出梁的立面图和断面图。图 3.35 即为某钢筋混凝土承重梁的结构详图。梁的两端搁置在砖墙上,梁的下部配置三根直径为 $\phi18$ 的一级受力钢筋,以承受下边的拉应力,所以在跨中 1-1 断面的下部有三个黑圆点;支座处 2-2 断面上部有三个黑圆点,其中间的一根钢筋,是梁跨中下部中间的那根钢筋在梁支座处弯起后出现的,称为弯起钢筋。梁的上部配置有两根直径为 $\phi10$ 的架立钢筋,梁上也配置有箍筋,图上显示为方框,选用直径为 $\phi6$ 的一级钢筋,间距为 200 mm。

为了便于统计用料、编制施工预算,应同时附上构件的钢筋用量表,说明构件的名称、数量、钢筋规格、简图、数量和直径等内容,表 3.8 即为图 2.9 中梁的钢筋统计。钢筋表中钢筋

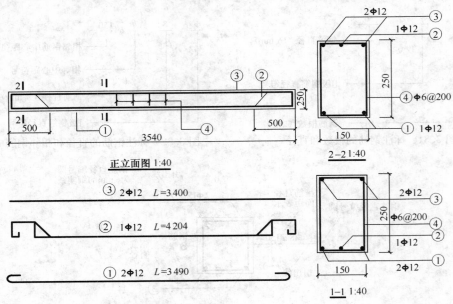

正立面图 1:40

2-2 1:40

钢筋成形图 1:40

1-1 1:40

钢筋明细表

钢筋编号	直径（mm）	简图	长度（mm）	根数	总长（m）	总重（kg）	备注
1	12		3400	2	7.280	7.41	
2	12		4204	1	4.204	4.45	
3	12		3490	2	6.980	4.31	
4	6		650	18	1.700	2.60	

图 3.34 配筋图

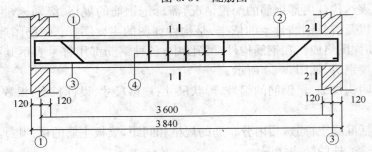

立面图 1:50

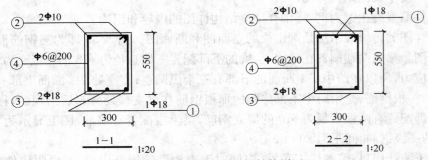

1-1 1:20

2-2 1:20

图 3.35 钢筋混凝土梁结构详图

的长度是很重要的一个内容,注意计算时,钢筋长度应减去两端的保护层厚度;180 度弯钩长度取 6.25 倍的钢筋直径。如②号钢筋长度的计算为:钢筋中部长 3 840－50＝3 790 mm,两端弯钩长分别为 6.25×10,取 63 mm,所以②号钢筋的总长度为 3 790＋63＋63＝3 916 mm。另外,需要注意弯起钢筋的弯起角度为 45°,钢筋竖向长为 550－50＝500 mm,由此可以算出弯起段的长度为 707 mm。其他计算同②号钢筋。

表 3.8　钢筋用量表

编号	简图	直径(mm)	长度(mm)	根数(根)	备注
①	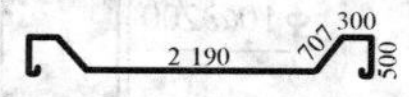 707 300 2 190 500	18	5 430	1	
②	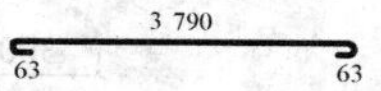 3 790 63 63	10	3 916	2	
③	 113 3 790 113	18	4 016	2	
④	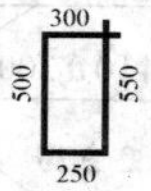 300 500 550 250	6	1 600	20	

②钢筋混凝土柱的结构详图

以下以钢筋混凝土柱为例,详细介绍柱构件详图的内容和识读。

图 3.36 为现浇钢筋混凝土柱的构件详图。图中显示该柱从地下标高为－0.05 m 处起到顶层标高为 14.2 m 处的布筋情况。可以看出,该柱为正方形断面,边长为 300 mm,受力筋有三种布置。在 1-1 断面处,受力筋是 4 根直径为 18 mm 的二级钢筋;在 2-2 断面处,受力筋是 4 根直径为 22 mm 的二级钢筋;在 3-3 断面处,受力筋是 4 根直径为 25 mm 的二级钢筋;越向下部,由于柱子受力越大,所需钢筋的受力面积就越大。箍筋均用直径为 8 mm 的一级钢筋,由于中部与端部情况不同,在各段柱的端部箍筋需要加密,间距为 100 mm,在各段柱的中部箍筋不需要加密,间距为 200 mm,图中用钢筋分布线来表示箍筋的分布范围。柱的立面图一般用 1∶50、1∶30、1∶20 的比例画出,断面图一般用 1∶10、1∶20 的比例画出。配筋图的线型与梁相同。

(4)钢筋混凝土构件平法的内容和图示特点

①平面整体表示法

钢筋混凝土构件的传统表示十分麻烦;当结构构件较多时,更为繁琐。因此,国家建设部于 2003 年批准执行了《混凝土结构施工图平面整体表示方法制图规则和构造详图》,已在建筑设计和制图中得到了广泛应用。

平面整体表示法简称"平法"。"平法"是把结构构件的截面形式、尺寸、配筋等情况直接表达在构件的结构平面布置图上,再与相应的"结构设计总说明"和相关"标准构造详图及说明"配合使用,构成一套完整的施工图。"平法"表示图面简洁、清楚、直观,图纸数量少,改变了传统的将构件从结构平面布置图中索引出来,再逐个绘制详图的繁琐方法,深受设计和施工人员欢迎。

"平法"制图规则有平面注写方式(标注梁)、列表注写方式(标注柱和剪力墙)和截面注写方式(标注梁、柱和剪力墙)三种。由于后两种方法与传统注写方式类似,下面以梁为例,简介

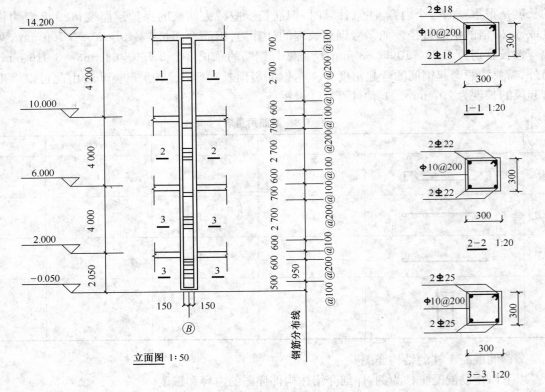

图 3.36　钢筋混凝土柱结构详图

其表示方法。

平面注写方式包括集中标注和原位标注两部分。集中标注表达梁的通用数值,原位标注表达梁的特殊数值。当集中标注中的某项数值不适合梁的某部位时,则将该项数值原位标注,施工时,原位标注取值优先。

②梁集中标注的内容

梁集中标注的内容,有五项必注值和一项选注值(集中标注可以从梁的任意一跨引出),规定如下:

a. 梁编号,必注。

b. 梁截面尺寸,必注。当为等截面梁时,用 $b×h$ 表示;当有悬挑梁且根部和端部高度不同时,用斜线分隔根部和端部的高度值,即为 $b×h_1/h_2$,前为根部值,后为端部值。

c. 梁箍筋,必注。包括钢筋级别、直径、加密区与非加密区的间距及肢数。箍筋加密区与非加密区的间距、肢数用斜线分隔;当梁箍筋为同一种间距及肢数时,不需用斜线;当加密区与非加密区的箍筋肢数相同时,只注写一次;肢数应写在括号里。

d. 梁上部通长筋或架立筋配置,必注。当同排纵筋中既有通长筋又有架立筋时,用加号"+"相连。注写时将角部纵筋写在加号前面,架立筋写在加号后面的括号里;全部采用架立筋,将其写在括号里。当上下纵筋全跨相同,且多数跨同时配筋,此项可加注下部纵筋的配筋值,用分号";"隔开。

e. 梁侧面纵向构造钢筋或受扭钢筋配置,必注。梁腹板高度大于 450 mm 时,须配置纵向构造钢筋,以大写字母 G 开头,接着注写梁两侧面的总配筋值,且为对称配置。当梁侧面需配置受扭钢筋时,以大写字母 N 开头,接着注写梁两侧面的总配筋值,且为对称配置。受扭钢筋应满足纵向构造钢筋的间距要求,且不再配置纵向构造钢筋。

　　f. 梁顶面标高高差,该项为选注值。梁顶面标高高差指梁顶面相对于结构层楼面标高的高度差,对于位于结构夹层的梁,指相对于结构夹层楼面标高的高度差。有高差时,写入括号内,无高差时不注。

　　③梁原位标注的内容

　　梁原位标注的内容规定如下:

　　a. 梁支座上部纵筋,含通长筋在内的所有纵筋:

　　(a)当上部纵筋多于一排时,用斜线"/"将各排纵筋自上而下分开。

　　(b)当同排纵筋有两种直径时,用加号"+"将两种直径的纵筋相连,且将角部钢筋写在前面。

　　(c)当梁中间支座两边的上部纵筋不同时,应在支座两边分别标注;当梁中间支座两边的上部纵筋相同时,可仅在支座一边标注配筋,另一边省去不注。

　　b. 梁下部纵筋:

　　(a)当下部纵筋多于一排时,用斜线"/"将各排纵筋自上而下分开。

　　(b)当同排纵筋有两种直径时,用加号"+"将两种直径的纵筋相连,且将角部钢筋写在前面。

　　(c)当梁下部纵筋不全伸入支座时,将梁支座下部纵筋减少的数量写在括号内;如果全部伸入支座,则不需加括号。

　　(d)当梁的集中标注已经注写了梁上、下通长纵筋时,不需在梁下部重复做原位标注。

　　c. 附加箍筋或吊筋,将其直接画在平面图中的主梁上,用线引注总配筋值(附加箍筋的肢数注在括号里),当多数附加箍筋或吊筋相同时,可在梁平法施工图上统一注明,少数和统一注明值不同时,再原位引注。图3.37为梁平面注写方式示例。

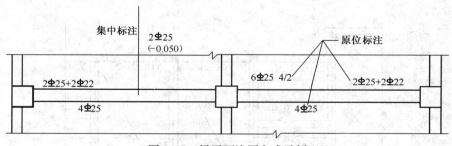

图3.37　梁平面注写方式示例

　　3. 结构平面图

　　(1)结构平面图的形成与用途

　　结构平面图是假想沿着楼板面将建筑物水平剖开所作的水平剖面图,表示各层梁、板、柱、墙、过梁和圈梁等的平面布置情况,以及现浇楼板、梁的构造与配筋情况及构件之间的结构关系。

　　结构平面图为施工中安装梁、板、柱等各种构件提供依据,同时为现浇构件支模板、绑扎钢筋、浇筑混凝土提供依据。

　　(2)结构平面图的内容

　　①预制楼板的表达方式

　　对于预制楼板,用粗实线表示楼层平面轮廓,用细实线表示预制板的铺设,习惯上把楼板下不可见墙体画为虚线。

预制板的布置有以下两种表达形式:

a. 在结构单元范围内,按实际投影分块画出楼板,并注写数量及型号。对于预制板的铺设方式相同的单元,用相同的编号如甲、乙等表示,而不一一画出每个单元楼板的布置,如图3.38 所示。

b. 在结构单元范围内,画一条对角线,并沿着对角线方向注明预制板数量及型号,如图3.39 所示。

②现浇楼板的表达方式

对于现浇楼板,用粗实线画出板中的钢筋,每一种钢筋只画一根,同时画出一个重合断面,表示板的形状、厚度和标高,楼梯间的结构布置一般不在楼层结构平面图中表示,只用双对角线表示楼梯间。结构平面图的定位轴线必须与建筑平面图一致。对于承重构件布置相同的楼层,只画一个结构平面布置图,称为标准层结构平面布置图,如图3.40 所示。

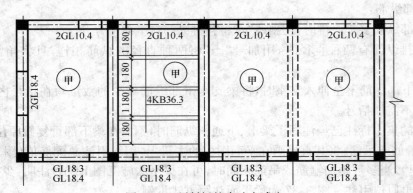

图 3.38　预制板的表达方式之一

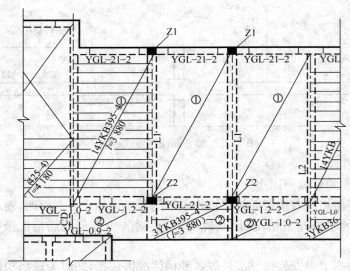

图 3.39　预制板的表达方式之二

(3)楼层结构平面布置图实例

图 3.41 是某学校公寓楼的局部,下面以此为例,说明楼层结构平面图的识读方法。

①首先阅读图名、比例和各轴线编号,从而明确承重墙、柱的平面关系。

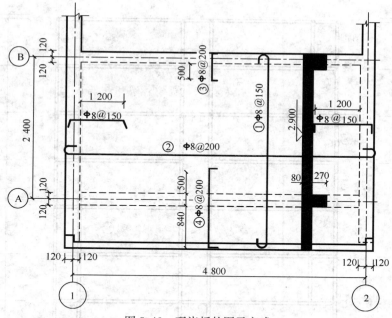

图 3.40　现浇板的图示方式

该图为一层结构平面图,比例为 1:100,水平方向轴线有 17 个,竖直方向轴线有 9 个。图中纵横墙交接处涂黑的小方块表示被剖到的构造柱,用 GZ 表示,共有四种类型。

②然后看各种楼板、梁的平面布置,以及类型和数量等。

该图中楼板有预制和现浇两种。

图中预制板由于各个房间的开间和进深大小不同,分为 A、B、C、D、E 五种,每种情况只需详细画出一处,其他仅用代号注明即可。预制板的铺设标注含义如下,如 A 型号的具体铺设为:3YKB3653 表示此处用 3 块预制空心板,板长 3 600 mm,板宽 500 mm,荷载等级为 3 级。其他类似。

现浇板的钢筋配置采用直接画出的方法。其中底层钢筋弯钩向上或向左,顶层钢筋弯钩向下或向右,一般一种类型只画一根,例如③号钢筋类型为 $\Phi 10@200$,表示直径为 10 mm 的钢筋每隔 200 mm 布置一根。

楼层结构平面图由于比例较小,楼梯部分不能清楚表达出来,需要另画详图。

③最后看构件详图及钢筋表和施工说明。

总之,读图时要把握由粗到细,由整体到局部的原则,才能全面掌握图纸,步步深入看清楚。

(4)屋面结构平面布置图

①表达内容与图示要求

屋面结构平面布置图是主要表示屋面承重构件平面布置的图样,常见屋面结构形式有坡屋面和平屋面两种,其内容与图示要求与楼层结构平面图基本相同。

②屋面结构平面布置图实例

图 3.42 是某学校公寓楼屋面结构平面布置图的局部,该屋面为平屋面,绘图比例为 1:100。由图可知,其楼板布置方式与楼层结构平面布置方式基本相同,但由于屋面荷载与其他层不同,个别配筋与楼板选取有差别。

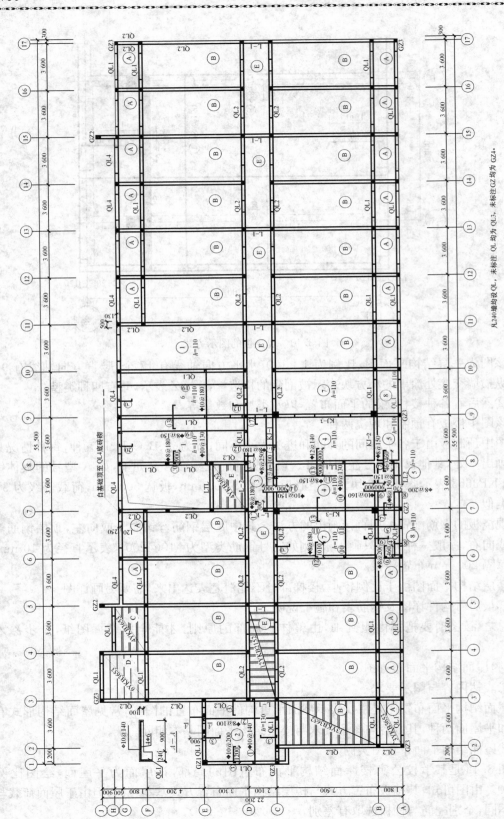

图 3.41 一层结构平面图 (1 : 100)

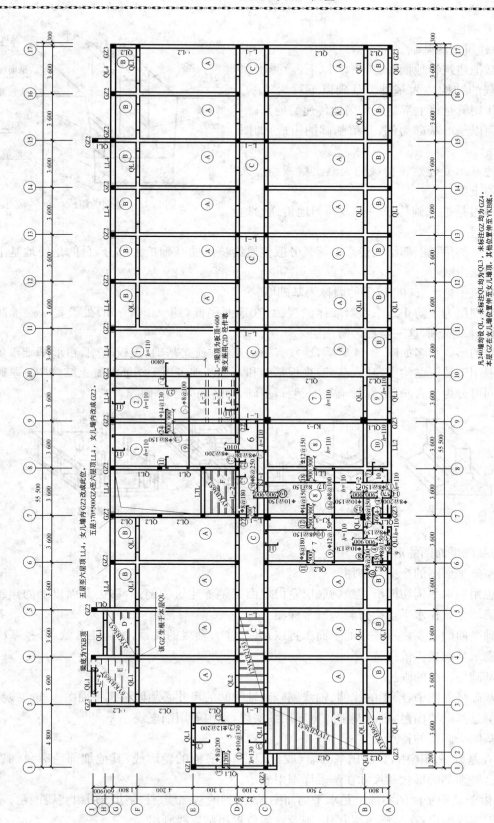

图 3.42 六层（屋面）结构平面图（1：100）

4. 基础图

（1）建筑物的基础

通常把建筑物地面（±0.000）以下、承受房屋全部荷载的结构称为基础。基础以下称为地基。基础的作用就是将上部荷载均匀地传递给地基。

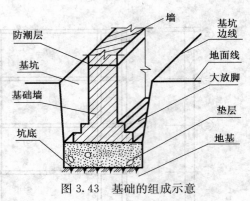

图 3.43　基础的组成示意

下面以条形基础为例，介绍基础的组成，如图3.43所示。

①地基承受建筑物荷载的天然土壤或经过人工加固的土壤。

②垫层是把基础传来的荷载均匀地传递给地基的结合层。

③大放脚是把上部结构传来的荷载分散传递给垫层的基础扩大部分，目的是使地基上单位面积的压力减小。

④建筑中把±0.000以下的墙称为基础墙。

⑤防潮层为了防止地下水对墙体的浸蚀，在地面稍低（约−0.060 m）处设置一层能防水的建筑材料来隔潮，这一层称为防潮层。

基础的形式很多如图3.44所示，通常有条形基础、独立基础、筏板基础、箱形基础。条形基础一般用于砖混结构中，独立基础、筏板基础和箱型基础多用于钢筋混凝土结构中。基础按材料不同可分为砖石基础、混凝土基础、毛石基础、钢筋混凝土基础等。

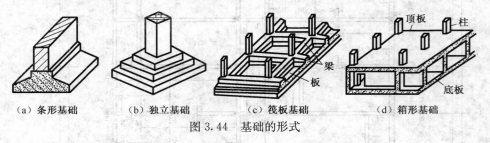

（a）条形基础　　（b）独立基础　　（c）筏板基础　　（d）箱形基础

图 3.44　基础的形式

（2）基础平面图的形成及作用

①基础平面图的产生和作用

假想用一水平剖切面沿建筑物底层室内地面把整栋建筑物剖开，移去截面以上的建筑物和基础回填土后作水平投影得到基础平面图。

基础平面图主要表示基础的平面布置以及墙、柱与轴线的关系，为施工放线、开挖基槽或基坑和砌筑基础提供依据。

②基础平面图的画法

在基础平面图中，绘图的比例、轴线编号及轴线间的尺寸必须同建筑平面图一样。线型的选用惯例是基础墙用粗实线，基础底宽度用细实线，地沟等用细虚线。

③基础平面图的特点

a. 在基础平面图中，只画出基础墙（或柱）及基础底面的轮廓线，其他细部轮廓线都省略不画。这些细部的形状和尺寸在基础详图中表示。

b. 由于基础平面图实际上是水平剖面图，故剖到的基础墙、柱的边线用粗实线画出；基础边线用细实线画出；在基础内留有孔、洞及管沟位置用细虚线画出。

c. 凡基础截面形状、尺寸不同时,即基础宽度、墙体厚度、大放脚、基底标高及管沟做法等不同,均标有不同编号的断面剖切符号,表示画有不同的基础详图。根据断面剖切符号的编号可以查阅基础详图。

d. 不同类型的基础、柱分别用代号 J1、J2、… 和 Z1、Z2、… 表示。

④基础平面图的内容

基础平面图(如图 3.45 所示)主要表示基础墙、柱、留洞及构件布置等平面位置关系。包括以下内容:

a. 图名和比例。基础平面图的比例应与建筑平面图相同。常用比例为 1:100、1:200。

b. 基础平面图应标出与建筑平面图一致的定位轴线及其编号和轴线之间的尺寸。

c. 基础平面图应反映基础墙、柱、基础底面的形状、大小及基础与轴线的尺寸关系。

d. 基础梁的布置与代号不同形式的基础梁用代号 JL1、JL2、… 表示。

e. 基础的编号、基础断面的剖切位置和编号。

f. 施工说明。用文字说明地基承载力及材料强度等级等。

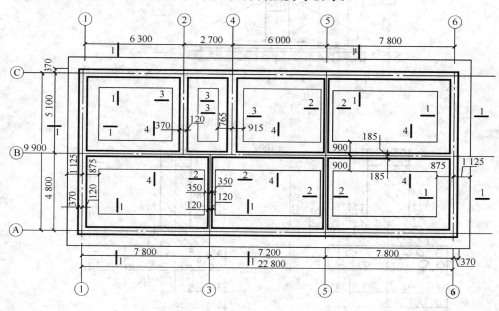

图 3.45　基础平面图(1:100)

⑤基础详图的特点与内容

a. 不同构造的基础应分别画出其详图,如图 3.47 所示。当基础构造相同,而仅部分尺寸不同时,也可用一个详图表示,但需标出不同部分的尺寸,如图 3.46 所示。基础断面图的边线一般用粗实线画出,断面内应画出材料图例;若是钢筋混凝土基础,则只画出配筋情况,不画材料图例,如图 3.46 所示。

b. 图名与比例,图 3.46 中比例为 1:20。

c. 轴线及其编号,如图 3.47 所示。

d. 基础的详细尺寸,基础墙的厚度,基础的宽、高,垫层的厚度等。

e. 室内外地面标高及基础底面标高。

f. 基础及垫层的材料、强度等级、配筋规格及布置。

g. 防潮层、圈梁的做法和位置。

h. 施工说明等。

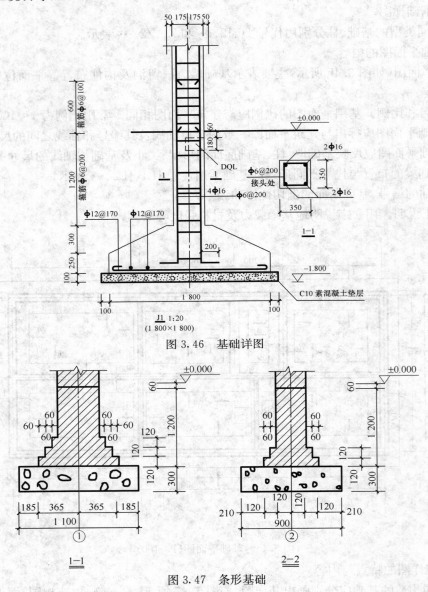

图 3.46 基础详图

图 3.47 条形基础

典型工作任务 3   给排水平面图的识读与绘制

3.3.1 工作任务

阅读与绘制给排水平面图、阅读与绘制给排水系统图。

3.3.2 相关配套知识

1. 阅读给排水工程图

给排水工程包括给水工程和排水工程两部分。给水工程是指从水源取水,再经过水质净化,净水输送,最后到达各个用水点的工程。排水工程是指生活污水和生产废水排出后,通过管道汇流,污水处理,处理后再循环利用或排入江河的工程。因此,给排水工程均包括室内工程、室外工程两部分,如图 3.48 所示。

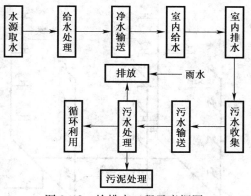

图 3.48　给排水工程示意框图

给排水工程图是表达给水、排水及室内给排水工程设施的结构形状、大小、位置、材料以及有关技术要求等的图样,以供技术交流和施工人员按图施工。给排水工程图,按其作用和内容大致可分为:

(1)室内给排水工程图

建筑物的室内给排水工程图,是用来表示卫生器具、管道及附件的类型、大小及其在建筑物中的位置和安装方法等的图样。即从室外给水管网到建筑物内的给水管道,建筑物内部的给水及排水管道,自建筑物内排水到检查井之间的排水管道,以及相应的卫生器具和管道附件,主要包括室内给水排水平面图、给排水系统图、设备详图和施工说明等。

(2)室外给排水工程图

表示一个区域的给水和排水系统,由室外的给排水平面图、管道纵断面图及附属设备(如检查井、阀门井)等工程图组成。

(3)水处理设备构筑物工艺图

主要表示水厂、污水处理厂的各种水处理设备构筑物(如澄清池、曝气池、过滤池等)的全套施工图。包括平面布置图、流程图、工艺设计图和详图等。在实际工作中,为了读图和画图方便,室内给水平面图和排水平面图一般合并画在同一张图纸上,统称室内给排水工程图。

2. 阅读室内给排水工程图

(1)阅读室内给水工程图(图 3.49)

室内给水系统是指从室外给水管网引水到建筑物内部各式配水龙头、生产机组和消防设备等各用水点的给水管道系统。按用途可分为:生活给水系统、生产给水系统和消防给水系统 3 部分,各系统一般由下列部分组成。

①引入管。引入管是由室外给水系统引入室内给水系统的一段水平管道,也称做进户管。

②水表节点。水表节点是指引入管上设置的水表及前后设置的闸门、泄水装置等的总称,所有装置一般设置在水表井内。

③管道系统。管道系统是指室内给水的水平或垂直干管、立管、支管等。

④给水附件。给水附件是指管道上的闸阀、止回阀及各式配水龙头等。

⑤升压和储水设备。当用水量大,水压不足时,所设置的水箱和水泵等设备。

⑥消防设备。一般应设置消火栓等消防设备,有特殊要求时,另装设自动喷洒消防或水幕设备。

(2)阅读室内排水工程图

室内排水系统是把室内各用水点的污水和屋面雨水排出到建筑物外部的排水管道系统。民用建筑室内排水系统通常指排除生活污水,排除雨水的管道应单独设置,不与生活污水

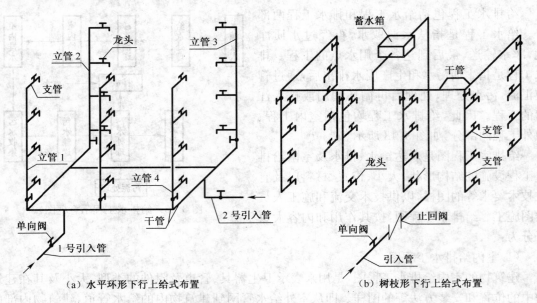

　　　　（a）水平环形下行上给式布置　　　　　　　　　（b）树枝形下行上给式布置

图 3.49　室内给水管网的组成及布置形式

合流。

　　室内排水系统的组成如下：

　　①卫生器具或生产设备受水器。

　　②排水横管。排水横管是指连接各卫生器具的水平管道,应有一定的坡度指向排水立管。当卫生器具较多时,应设置清扫口。

　　③排水立管。排水立管是指连接排水横管和排出管之间的竖向管道。立管在底层和顶层应设置检查口,检查口距楼地面高 1 m。

　　④排出管。排出管是指连接排水立管与室外检查井的污水排出水平管道,排出管向检查井方向应有一定坡度。

　　⑤通气管。通气管是设置在顶层检查口以上的一段立管,用来排出臭气,平衡气压,防止卫生器具水封破坏,并使室内排水管道中散发的臭气和有害气体排出到大气中。通气管应高出屋面 0.3 m 以上,并大于积雪厚度,通气管顶端应装置通气帽。

　　（3）室内给排水工程图的图示特点

　　给排水工程图的主要表达对象是管道,而管道因截面的形状变化小,一般细而长,分布范围广,纵横交叉,管道附件多,所以有它的图示特点。给排水专业制图应遵守《给排水制图标准》(GBJ 106—1987)以及国家现行的有关标准规定,国际规定的图例符号见表 3.9,凡未列入该表中,在图纸上自己设置的图例符号,应加以说明,以免产生误解。

　　①给排水工程图中管道、附件、卫生器具等采用统一的图例符号来表示,而不画其真实的投影图。

　　②给排水工程图中管道较多,为了加以说明,常以 G 或 J 作为给水管的代号,用 P 作为排水管的代号,且无论管道粗细,均采用通过管道中心轴线的粗实线,即单线图例来表示。

　　③由于给排水管道在平面图上很难区分空间走向,所以一般都用轴测图(正面斜等测图)直观地画出给排水管道系统图,阅读时,应将平面图与系统图对照查阅。

　　④给排水工程图中管道设备的安装位置需要与土建工程密切配合,尤其在预留洞、预埋

件、管沟等方面对土建的要求，须在图纸上说明。

　　3. 绘制室内给排水工程图

　　室内给排水工程图的绘制包括室内给排水平面图和室内给排水系统图。

表 3.9　常用图例

名　称	图　例	说　明	名　称	图　例	说　明
管道	J / P	用字母表示管道类型	自动水箱		
		用线形表示管理类型	截止阀		
流向	→	箭头表示管内介质流向	放水龙头		
坡向		箭头指向下坡	消防栓		
固定支架			洗涤盆		水龙头数量按实际绘制
多孔管			洗脸盆		
排水明沟		箭头指向下坡	浴盆		
存水弯		S 形	污水池		
检查口			大便器		左为蹲式右为坐式
清扫口		左为平面右为立面	化粪池	HC	左为圆形右为矩形
通气帽		左为伞罩右为网罩	水表井		
圆形地漏		左为平面右为立面	检查井	×	左为圆形右为矩形

　　(1)绘制室内给排水平面图

　　室内给水排水平面图主要表达给水管道(包括引入管、给水干管、支管等)、排水管道(包括排水横管、排水立管、排出管等)、卫生器具、管道附件、地漏等的平面布置。

　　在建筑物内，凡需用水的房间，均需配以卫生器具、管道和附件等，并反映卫生器具、管道及附件等在房屋中的平面位置，绘制不同层的给排水平面图。若各楼层管道的平面位置相同，则可只画出底层平面图和标准层平面图。同时，给水平面图和排水平面图既可合并画出，也可分别绘制。

　　①室内给排水平面图的绘制要点

　　a. 比例

　　《给排水制图标准》中规定：室内给排水平面图选用的比例，一般应与建筑平面图中的比例相同。

　　b. 图中画出了建筑平面图的内容

　　由于给排水平面图主要反映管道系统各组成部分的平面位置，因此房屋的轮廓线应与建筑施工图一致。一般只抄绘墙身、柱、门、窗洞、楼梯等主要构配件，但线型选用细实线，对于房屋的细部，门窗代号等均可略去。另外，底层平面图中的室内管道需与户外管道相连，所以，必须单独画出一个完整的底层平面图；其他平面图只需抄绘与卫生设备和管道布置有关的平面图,不必画出整个楼层的平面图,每一楼层的给排水平面图一般应分层抄绘。如各层的卫生设备和管道布置完全相同,可只画出标准层平面图,但必须注明各楼层的层数和高程,同时还需注明定位轴线的编号及轴间尺寸等。图3.51是某学生宿舍的浴室和卫生间的给水管网平面布置图,图3.52为某学生宿舍的浴室和卫生间的排水管网平面布置图。

c. 卫生设备和器具

对于洗脸盆、大便器、小便器、地漏等卫生设备和器具均按表3.9所列的图例绘制;线型应选用中实线,仅绘出其在平面图形中的外轮廓。同时,为了施工和安装需要,常绘出非标准卫生设备和器具的详图,且标注出定位尺寸。

d. 给排水管道的平面位置

在给排水平面图中,要标注出各个管道的管径。底层给排水平面图中还须画出给水引入管、污水排出管的位置,并标注出管径。

(a)对于给水管道,以粗实线表示水平管(包括引入管和水平横管),以小圆圈表示立管。

(b)对于排水管道以粗虚线表示水平管道(包括排水横管和排出管),以小圆圈表示排水立管,底层平面图中要画出排水管。

(c)给排水管的管径尺寸以 mm 为单位,并用公称直径 DN 表示,一般标注在该管段的旁边,如果位置不够,也可用引出线引出标注。

(d)室内给排水管道系统的进出口数目在2个或2个以上时,应用阿拉伯数字进行编号,如图3.50所示,以便读图。一般给水管以每一个引入管为一个系统,而污水管则以每一个承接污水管的检查井为一个系统。编号采用 ϕ10 的细实线圆,直接画在管道进出口端部。

图 3.50　管道系统索引符号

e. 尺寸和高程

房屋的水平方向尺寸,一般在底层管道平面图中只需注出其轴线尺寸,高程只需标注室外地面的整平高程和各层的地面高程。管道的长度在备料时只需从图中近似地量出,在安装时则以实际尺寸为依据,所以图中均不标注管道长度。同时,因管道平面图不能充分反映管道在空间的具体布置、管路的连接情况等,所以平面图中一般不标注管道的坡度、管径和高程,而在管道系统图中予以标注。

f. 图例和说明

为了施工人员便于施工,无论是否采用标准图例,图中最好绘出各种管道及卫生设备等的图例或外形轮廓,并用文字说明施工要求等。通常图例和施工说明列在底层给排水平面图的后方。

②室内给排水平面图画图步骤

以底层平面图为例,室内给排水平面图的画图步骤一般如下:

a. 首先抄绘建筑施工图中的底层平面图。

b. 在底层平面图中,画出管道平面布置图,并按规定的线型加深。

c. 绘制建筑平面图的步骤为:先画轴线,再画墙身和门窗洞,最后画其他构配件及卫生器具的图例。

d. 画管道平面布置图时,先画立管,再画引入管和排出管,最后按水流方向画出支管和附件。

给水管一般画至设备的放水龙头或冲洗水箱的支管接口,排水管一般画至各设备的污水排泄口。

e. 注明管道的代号和编号。对穿层的给水立管要加注代号"JL",并加以编号,如图3.51中的JL-1表示1号给水立管。若室内给水系统进口多于1个时,应按图3.50所示加注管道类别及编号。

由图3.51可知,本例中给水管自房屋右上角北面引进,通过底层水平干管分3路将水送到各用水处:JL-1立管供各层大便器和盥洗槽;JL-2立管供各层小便槽多孔冲洗管和洗涤池(拖布盆);JL-3立管供各层淋浴间的淋浴喷头。由图3.52可知,图中采用与给水平面布置图

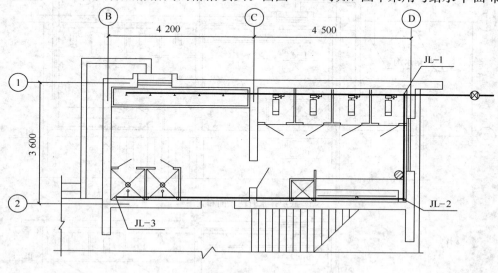

(a)底层给水管网平面布置图

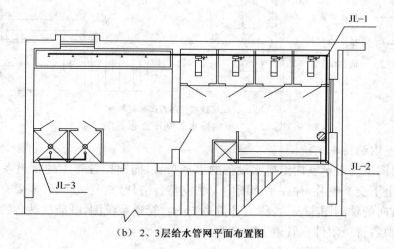

(b)2、3层给水管网平面布置图

图例

图例		
换洗槽	地漏	蹲式大便器
拖布盆	球形阀	大便器高位水箱
	配水龙头	小便器
淋浴间	阀门井	给水立管

图3.51 室内给水管网平面布置图

相同的比例和线型,并分楼层画出卫生间和浴室的建筑平面图和卫生器具的平面位置,但排水横管用粗虚线画出,排水立管应标出其类别和编号,如 PL-1 表示第 1 号排水立管;底层平面布置图中的排出管画至室外,并在排出口处标注排水系统的类别和编号,如图中粪便排出管为 1 号排水系统,淋浴及盥洗排出管为 2 号排水系统。

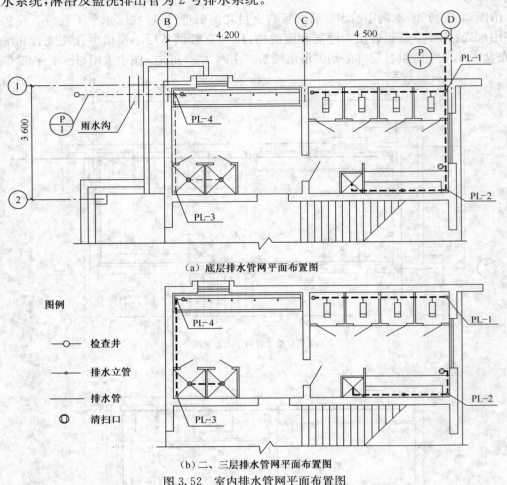

（a）底层排水管网平面布置图

图例

⊸─○　检查井

⊸─○　排水立管

────　排水管

Ⓘ　清扫口

（b）二、三层排水管网平面布置图

图 3.52　室内排水管网平面布置图

　　(2)绘制室内给排水系统图

　　管道平面图主要表示室内给排水设备的水平布置,而连接各管道的管道系统因其在空间的转折较多,上下交叉重叠,往往平面图中无法完整且清楚地表达,因此,需要有一个同时能反映空间 3 个方向的轴测图来表达,称为管道系统图。管道系统图,既能反映各管道系统的空间走向,也能反映各管道附件在管道上的位置。

　　①室内给水排水系统图绘制要点

　　a. 比例

　　室内给排水系统图一般采用与室内给排水平面图相同的比例,必要时,也可不按比例绘制,视具体情况,以能表达清楚管路情况为准。

　　b. 轴向变形系数

　　我国习惯上都采用正面斜等测来绘制室内给排水系统图。图 3.53 是与图 3.51 的平面布置图对应的给水管道系统图,图 3.54 是与图 3.52 的平面布置图对应的排水管道系统图。

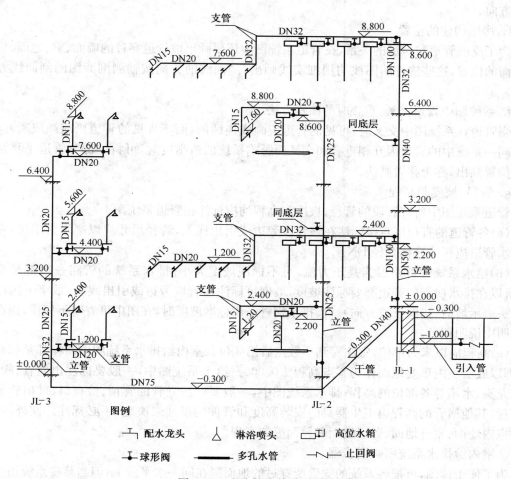

图 3.53　室内给水管道系统图

　　由于系统图在绘制时,通常选用与给排水平面图相同的比例,沿坐标轴 X、Y 方向的管道,不仅与相应的轴测轴平行,而且可直接从给排水平面图中量取长度,平行于 OZ 轴的管道,系统图中则与 $O'Z'$ 轴平行,且可按实际高度以相同比例绘制;凡不平行坐标轴方向的管道,不能直接画出,但可用坐标来定位,通过做平行于坐标轴的辅助线,从而确定管道的两个端点,然后再连接两个端点得到。

　　c. 管道系统

　　管道系统一般按照给排水平面图中进出口编号已分成的系统。分别绘制出各管道系统的系统图,避免管道重叠和交叉。为了与平面图相呼应,每个管道的系统图都应编号,且编号应与底层给排水平面图中管道的进出口编号一致。

　　d. 线型、图例及省略画法

　　给排水系统图中的管道均可用粗实线表示,不必像平面图那样采用不同的线型来表示不同的管道类别。也可用粗实线表示给水管道系统,用粗虚线表示排水管道系统。

　　管道系统中的配水器具、卫生器具、管道附件等可用图例画出,但不必每层都完整画出各种图例,相同布置的各层,可只将其中一层完整画出,其他各层则在立管分支处用折断线表示。排水系统中,排水横管虽然有坡度,但由于比例较小,一般可画成水平管道,但须标注坡度及其下坡方向。

　　e. 房屋构建的位置

　　为了反映管道与房屋的关系,在管道系统图中还要画出被管道穿过的墙面、梁、地面、楼面和屋面的位置,这些构件的图线均用细实线画出,剖面线的方向按轴测剖面图的剖面线方向绘制。

　　f. 系统图中管道交叉、重叠时的图示方法

　　当管道在系统图中交叉时,可见的管道应画成连续的,而不可见的管道则应画成断开的。当在同一系统中的管道因互相重叠和交叉而影响系统的清晰度时,可将一部分管道平移至空白的位置画出,称为移置画法。

　　g. 管径、坡度和高程

　　管道系统图中所有管段的管径、坡度和高程均应标注在管道系统图上。

　　(a)各管道的直径可直接标注在该管段旁边或引出线上,管径尺寸应以毫米为单位,室内给排水管道应标注公称直径 DN。

　　(b)给水系统的管路因为是压力流,可不标注坡度大小;排水系统的管路一般都是重力流,所以在排水横管的旁边都要标注坡度,坡度可标注在管段旁边或引出线上,数字下边的单面箭头表示坡向(指向下坡方向)。当排水横管采用标准坡度时,在图中可省略不标注,而在施工说明中说明即可。

　　(c)高程应以米为单位,宜注写到小数点后第 3 位。室内给排水系统图中高程都是相对高程,即以底层室内重要地面作为零点高程 ±0.000。给水系统图中,一般要标注出横管、阀门、放水龙头、水箱等各部位的高程;排水系统图中,一般要标注立管的管顶、检查口、排出管的起点高程,其他横管的高程由卫生器具的安装高度和管件的尺寸来决定,不必标注。此外,还要标注室内地面、室外地面、各层楼面和屋面等的高程。

　　②室内给排水系统图画图步骤

　　为了便于读图,可把各系统的立管所穿过的地面画在同一水平线上;但当某些系统图不便按此要求布置时,也不必勉强。管道系统图中管段的长度尺寸可由平面图中量取,高度应根据房屋的层高、门窗的高度、梁的位置和卫生器具的安装高度等设计定线。

　　室内给排水系统图的作图步骤:

　　a. 首先画出各系统的立管。

　　b. 定出各层的楼地面及屋面线。

　　c. 在立管上引出各横向的连接管段。对于给水系统,先画出进户管(引入管),再画从立管上引出的横支管,从各支管画到放水龙头、洗脸盆、大便器的冲洗水箱的进水口等;对于排水系统,先画出排出管,与排出管相连的排水横管,与排水支管相连的卫生器具的存水弯、立管上的检查口、通气管上的网罩等。

　　d. 画出穿墙的位置。

　　e. 注写各管段的公称直径、坡度、高程等数据及说明。

3.3.3　知识拓展

阅读室内电气施工图

1. 电气工程图中的图例符号及文字符号

在电气工程图中,元件、设备、装置、线路及安装方法等,都是借用图例符号和文字来表达。

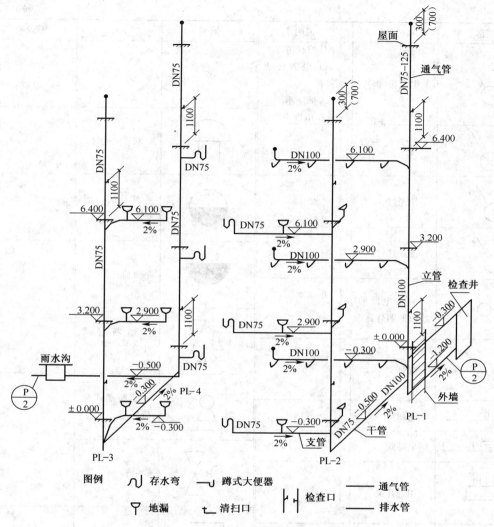

图 3.54　室内排水管道系统图

（1）图例符号

在建筑装饰装修工程中，电气工程施工图中常用的电器符号见表 3.10。

表 3.10　电气工程中常用电器符号

图例	名称	说明	图例	名称	说明
	交流配电线路	具有中性线和保护线的三相线		接地线	
	交流配电线路	保护线		接地装置	带接地极
	引向符号	向上配线		配电柜、箱、台	AP 动力配电箱 APE 应急电力配电箱 AL 照明配电箱 ALE 应急照明配电箱
	引向符号	向下配线			
	引向符号	垂直通过配线			

图例	名称	说明	图例	名称	说明
	电气箱(柜)	AC 控制箱 AT 电源自动切换箱 AX 插座箱 AW 电度表箱		三管荧光灯	
	投光灯一般符号			双管荧光灯	
	聚光灯			灯具的一般符号	
	泛光灯			负荷开关	
	自带电源的事故照明灯具			熔断器式开关	
	壁灯			熔断器式负荷开关	
E	吸顶灯			电铃	
E	电磁阀			蜂鸣器	
	钥匙开关			报警器	
	带指示灯的开关			断路器	
	单极限时开关			风机盘管	
	单极拉线开关				
	双控单极开关				
	可调光开关				
	荧光灯一般符号	EX-防暴灯 EN-密闭灯			

（2）文字符号

电气工程图中的文字符号是用来标明系统图和原理图中设备、装置、元(部)件及线路的名称、性能、作用、位置和安装方式的。

建筑装饰装修工程中电气工程图的常用文字符号有以下二种：

a. 配电线路的标注

线路的标注方式为：$ab-c(d×e+f×g)i-jh$

a—线缆编号；b—型号(不需要可省略)；c—线缆根数；d—电缆线芯数；e—线芯截面（mm^2）；f—PE、N 线芯数；g—线芯截面（mm^2）；i—线缆敷设方式；j—线缆敷设部位；h—线缆敷设安装高度(m)。

上述字母无内容则省略该部分。

b. 表达线路敷设方式的标注有：

SC—穿焊接钢管敷设；MT—穿电线管敷设；PC—穿硬塑料管敷设；FPC—穿阻燃半硬聚氯乙烯管敷设；CT—电缆桥架敷设；MR—金属线槽敷设；PR—塑料线槽敷设；M—用钢索敷设；KPC—穿聚氯乙烯塑料波纹电线管敷设；CP—穿金属软管敷设；DB—直接埋设；TC—电缆沟敷设；CE—混凝土排管敷设。

c. 表达线路敷设部位的标注有：

AB—沿或跨梁(屋架)敷设；BC—暗敷在梁内；AC—沿或跨柱敷设；CLC—暗敷在柱内；WS—沿墙面敷设；WC—暗敷设在墙内；CE—沿天棚或顶板面敷设；CC—暗敷在屋面或顶板内；CE—吊顶内敷设；F—地板或地面下敷设。

2. 电气施工图识读

电气工程一般是指某一工程的供、配电工程，根据工程的内容和施工范围主要划分为以下项目：

（1）内线工程。主要是室内动力、照明线路的安装敷设，建筑装饰装修工程中的电气施工大多数是此部分工作。

（2）外线工程。室外电源供电线路，包括架空电力线路和电缆电力线路。外线工程大多是电力部门施工，建筑装饰装修工程的电气施工中较少接触。

（3）动力及照明工程。施工内容就是电气设备的安装。建筑装饰装修工程中的电气设备的安装包括风机、水泵、照明灯具、开关、插座、配电箱及其它电气装置等。

（4）变配电及变电工程。配电室内变压器、母排、计量柜、出线柜等等。

（5）弱电工程。包括电话、广播、闭路电视、安全报警、计算机网络等系统的弱电信号线路和设备。

（6）防雷接地工程。包括建筑物和电气装置的防雷设施，各种电气设备的保护接地、工作接地及防静电接地装置的安装和施工。

 相关规范、规程与标准

1. 中华人民共和国住房和城乡建设部，中华人民共和国国家质量监督检验检疫总局．GB/T 50001—2010 房屋建筑制图统一标准．北京：中国计划出版社，2011.

2. 中华人民共和国住房和城乡建设部，中华人民共和国国家质量监督检验检疫总局．

GB/T 50103—2010 总图制图标准. 北京:中国计划出版社,2011.

3. 中华人民共和国住房和城乡建设部,中华人民共和国国家质量监督检验检疫总局.
GB/T 50104—2010 建筑制图标准. 北京:中国计划出版社,2011.

4. 中华人民共和国住房和城乡建设部,中华人民共和国国家质量监督检验检疫总局.
GB/T 50105—2010 建筑结构制图标准. 北京:中国计划出版社,2011.

 项目小结

　　本部分主要介绍了房屋的分类及其组成,房屋建筑施工图的有关内容和规定,建筑施工图的阅读和绘制方法及步骤;建筑物外形轮廓、尺寸、结构构造和材料做法。通过对本部分的学习,了解建筑施工图的分类和图示特点,了解建筑总平面图、平面图、立面图、剖面图、建筑详图的内容和作用,掌握建筑平面图、建筑立面图、建筑剖面图和楼梯详图的画法,了解结构施工图的形成、内容、构件代号等基本知识,掌握结构施工图的读图方法;掌握钢筋混凝土构件详图的传统方法和平法两种表达方法;能够阅读给排水施工图。

 复习思考题

1. 建筑施工图有什么作用? 包括哪些内容?
2. 定位轴线用什么图线表示? 如何编制轴线编号?
3. 指北针的作用是什么?
4. 建筑总说明的作用是什么?
5. 绘制常用建筑总平面图的图例。
6. 建筑平面图绘制有哪几个步骤?
7. 建筑立面图的作用是什么? 主要表达哪些内容?
8. 建筑剖面图作用、内容、图示方法是什么?
9. 建筑详图的作用是什么?
10. 结构图包括几部分内容? 各部分主要内容是什么?
11. 绘制结构图主要遵循哪些规范和标准?
12. 基础图和楼梯构造图分别包括什么内容?

项目 4　钢结构厂房施工图

项目描述

　　本项目的主要内容:钢结构施工图中常用的代号、图例;钢结构所用型材的标注方法;钢结构的连接及表示方法;钢结构构件详图识读方法;钢结构工业厂房的组成;单层工业厂房钢结构施工图的识读方法。

拟实现的教学目标

　　1. 能力目标
　　通过学习本项目内容,使学生掌握钢结构施工图中常用的代号、图例、构件连接方式与种类、标注方法、组成及有关规定;掌握钢结构施工图的识读方法。
　　2. 知识目标
　　学习钢结构施工图的图示特点、构件连接方式和种类、图示方法、图示内容。
　　3. 素质目标
　　提高学生对钢结构构件详图的识读能力。

相关案例——某钢结构厂房施工图

　　现以某 30 m 跨单层厂房为例,其效果图如图 4.1 所示。其他细部尺寸如图 4.2 所示。

图 4.1　钢结构厂房效果图

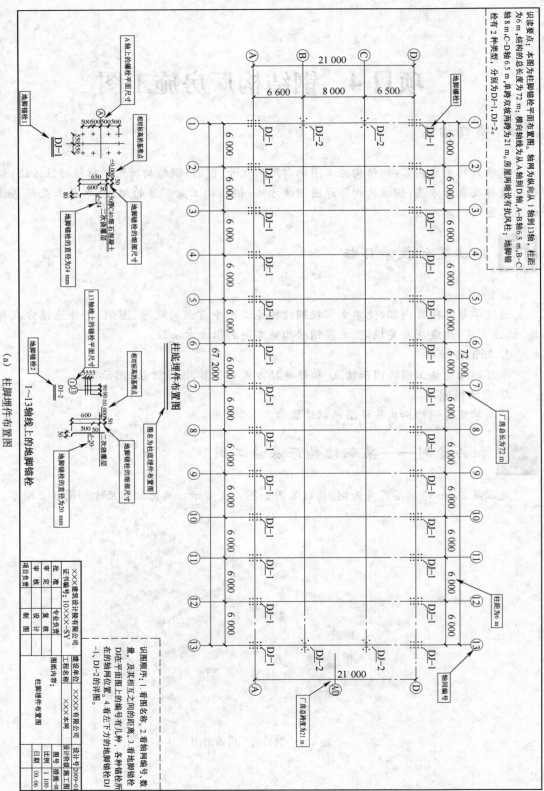

识读要点：本图为柱脚锚栓平面布置图。轴网为纵向从 1 轴到 13 轴，柱距
为 6 m，结构的总长度为 72 m；横向轴线为从 A 轴到 D 轴，A—B 轴 6.5 m，B—C
轴 8 m，C—D 轴 6.5 m，单跨双坡两跨为 21 m，房屋两端设有抗风柱；地脚锚
栓有 2 种类型，分别为 DJ—1、DJ—2。

识图顺序：1. 看图名名称。2. 看地脚锚
栓，及其相互之间的距离。3. 看地脚锚栓号，数
量，及在轴网上的编号有几种，各种锚栓所
在的轴网位置。4. 看左下方的地脚锚栓 DJ
—1、DJ—2 的详图。

（a）
图 4.2　柱脚埋件布置图

（表格）

×××建筑设计科技有限公司		建设单位	××××有限公司
证书编号：10×××-SY		工程名称	×××水网
专业负责		图纸内容：	
批　准			设计号	2009-01
审　定		复　核		图号	施施-08
审　核		设　计		比例	1:100
项目负责		制　图	柱脚埋件布置图	日期	09.06

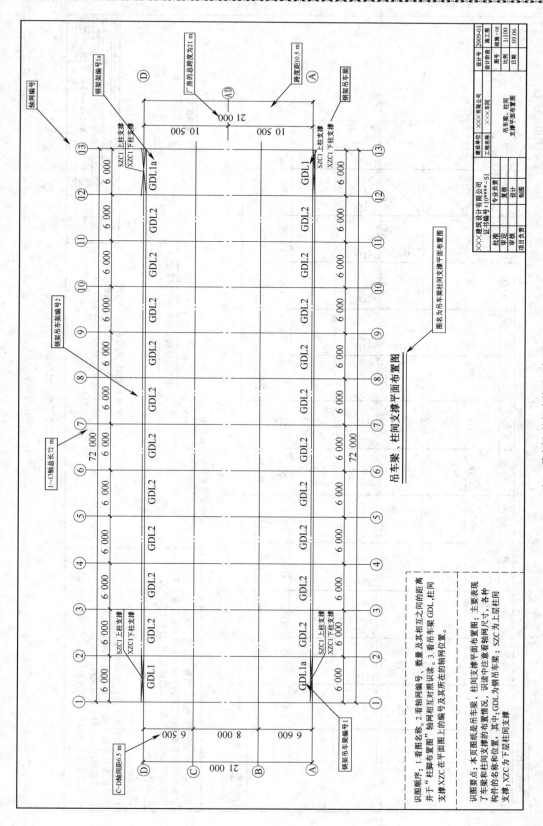

(b) 吊车梁、柱间支撑平面布置图

图 4.2

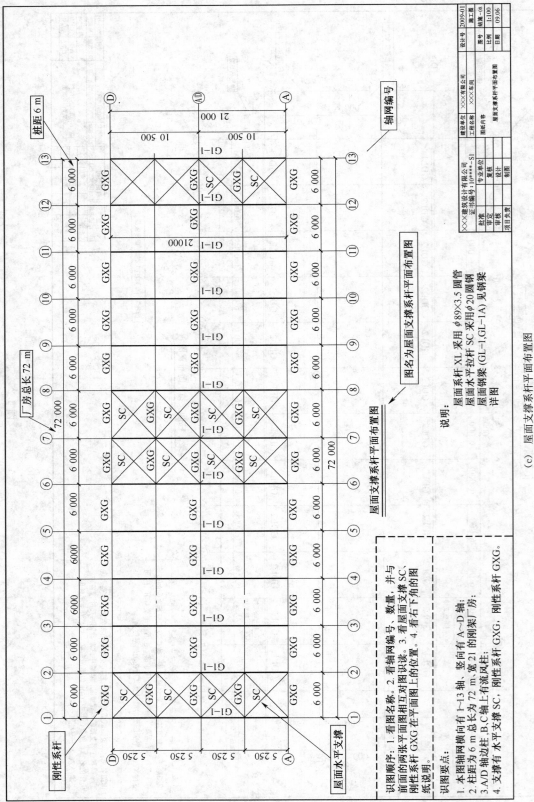

说明：

屋面系杆 XL 采用 φ89×3.5 圆管

屋面水平拉杆 SC 采用 φ20 圆钢

屋面钢梁（GL-1,GL-1A）见钢梁

详图

(c) 图 4.2　30m 跨单层厂房

识图顺序：1.看图名称。2.看轴网编号、数量，并与
前面的两张平面图相互对图识读。3.看屋面支撑 SC、
刚性系杆 GXG 在平面图上的位置。4.看右下角的图
纸说明。

识图要点：
1. 本图轴网横向有 1~13 轴，竖向有 A~D 轴；
2. 柱距为 6 m 总长为 72 m，宽 21 的刚架厂房；
3. A/D 轴边柱，B,C 轴上有流风柱；
4. 支撑有 水平支撑 SC、刚性系杆 GXG。

典型工作任务 1　钢结构施工图的识读与绘制

4.1.1　工作任务

掌握钢结构施工图中常用的代号、图例、构件连接方式与种类、标注方法及构件详图的识读方法。

4.1.2　相关配套知识

1. 钢结构施工图中常用的代号、图例

要读懂钢结构施工图，必须，熟悉施工图中各种图例、符号表示的意义。此外，还应熟悉常用钢结构构件的代号表示方法。一般构件的代号用各构件名称的汉语音第一个字母表示，常用钢结构构件代号见表 4.1，钢结构构件图中的螺栓、孔、电焊铆钉图例及标注见表 4.2；常用焊缝代号及标注方式见表 4.3。

表 4.1　常用钢结构构件代号

序号	名称	代号	序号	名称	代号	序号	名称	代号
1	板	B	20	门梁	ML	39	下弦水平支撑	XC
2	屋面板	WB	21	钢屋架	GWJ	40	刚性系杆	GG
3	楼梯板	TB	22	钢桁架	GHJ	41	剪力墙支撑	JV
4	墙板	QB	23	梯	T	42	柱	Z
5	檐口板	YB	24	托架	TJ	43	山墙柱	SQZ
6	天沟板	TGB	25	天窗架	CJ	44	框架柱	KZ
7	走道板	DB	26	刚架	GJ	45	构造柱	GZ
8	组合楼板	SRC	27	框架	KJ	46	柱脚	ZJ
9	梁	L	28	支架	ZJ	47	基础	JC
10	屋面梁	WL	29	檩条	LT	48	设备基础	SJ
11	吊车梁	DL	30	刚性檩条	GL	49	预埋件	M
12	过梁	GL	31	屋脊檩条	WL	50	雨篷	YP
13	连系梁	LL	32	隔撑	YC	51	阳台	YT
14	基础梁	JL	33	直拉条	ZLT	52	螺栓球	QX
15	楼梯梁	TL	34	斜拉条	XLT	53	套筒	TX
16	次梁	CL	35	撑杆	CG	54	封板	FX
17	悬臂梁	XL	36	柱间支撑	ZC	55	锥头	ZX
18	框架梁	KL	37	垂直支撑	CC	56	钢管	GX
19	墙梁	QL	38	水平支撑	SC	57	紧固螺钉	eX

表 4.2　螺栓、孔、电焊铆钉图例及标注

名　称	图　例		名　称	图　例	
永久螺栓			圆形螺栓孔		
高强螺栓	ϕd		长圆形螺栓孔		
安装螺栓			电焊铆钉		

注:(1)细"+"线表示定位线。

　　(2)标注螺栓、孔、电焊铆钉的直径

表 4.3　常用焊缝代号及标注方式

焊缝名称	示意图	图形符号	符号名称	示意图	补充符号	标注符号
V 形焊缝		$\vee$	周围焊缝符号		$\bigcirc$	
单边 V 形焊缝		$\vee$	三面焊缝符号			
角焊缝			带垫板符号			
I 形焊缝		$\parallel$	现场焊接符号			
点焊缝		$\bigcirc$	相同焊缝符号			
			尾部符号			

注:相同焊缝符号应按下列方法表示:

(1)在同一图形上,当焊缝型式、断面尺寸和辅助要求相同时,可只选择一处标注代号,并加注"相同焊缝符号"。

(2)在同一图形上,当有几处相同焊缝时,可将焊缝分类编号标注,在同一类焊接中可选择一处标注代号,分类编号采用 A、B、C…,并写在横线尾部符号内。

　2.钢结构所用型材的标注方法

　　钢结构用的钢材,是按照国家标准轧制的型钢,表4.4列出了常用建筑型钢的种类及标注方法。

表 4.4　建筑型钢的种类及标注方法

名称	截面代号	标注方法	立体图
等边角钢	∟	$\dfrac{L_b \times d}{l}$	
不等边角钢	∟	$\dfrac{L_B \times b \times d}{l}$	
工字钢	I	$\dfrac{QIN}{l}$	
槽钢	⊏	$\dfrac{Q\mathsf{C}N}{l}$	
扁钢	—	$\dfrac{-b \times t}{l}$	
钢板	—	$\dfrac{-t}{l}$	

3. 钢结构的连接及表示方法

钢结构连接的种类可分为螺栓连接、焊缝连接、铆钉连接和射钉、自攻螺钉等，如图 4.3 所示。

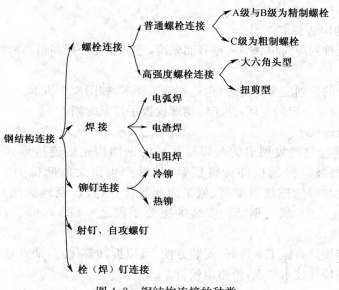

图 4.3　钢结构连接的种类

（1）螺栓连接

螺栓连接可分为普通螺栓连接和高强度螺栓连接。普通螺栓通常用 Q235 碳素钢制成，用普通扳手拧紧；高强度螺栓则用高强度钢材制成并经过热处理，用特制的、能控制扭矩或螺栓拉力的扳手，拧紧到使螺栓有较高的规定预拉力值，从而把被连接的板件高度夹紧。

①普通螺栓连接

钢结构普通螺栓连接是将普通螺栓、螺母、垫圈和连接件连接在一起形成一种连接方式（如图 4.4）。从连接的工作机理看，荷载是通过螺栓杆受剪、连接板孔壁承压来传递的。这种连接螺栓和连接板孔壁之间有间隙，接头受力后会产生较大的滑移变形，因此一般受力较大的结构或承受动荷载的结构，当采用普通螺栓连接时，螺栓应采用精致螺栓以减小接头的变形量。

普通螺栓连接一般采用 C 级螺栓，习惯上称粗制螺栓；较少情况下可采用质量要求较高的 A、B 级螺栓，习惯上称精制螺栓。精制螺栓连接是一种紧配合连接，即螺栓孔径和螺栓直径差一般在 0.2～0.5 mm，有的要求螺栓孔径和螺栓直径相等，施工时需要强行打入。精制螺栓连接加工费用高、施工难度大，工程上已经极少使用，现已逐渐被高强度螺栓连接所代替。

a. A、B 级螺栓连接

A、B 级螺栓杆身经车床加工制成，表面光滑，尺寸准确，按尺寸规格和加工要求又分为A、B 两级。螺栓孔在装配好的构件上钻成或扩钻成。孔壁光滑，对孔准确，孔径与螺栓杆径相等，但分别允许正、负公差，安装时需要将螺栓轻击入孔。此种连接可用于承受较大的剪力、拉力的安装连接。

b. C 级螺栓连接

C 级螺栓用未加工的圆钢制成，杆身表面粗糙，尺寸不很准确，螺栓孔是在单个零件上一次冲成或不用钻模钻成，孔径比螺栓直径大 1～2 mm，然后将螺栓与构件连接在一起。此种连接常用于承受拉力的安装螺栓连接、次要结构和可拆卸结构的受剪连接以及安装时的临时连接。

c. 普通螺栓的构造要求

螺栓在构件上排列应简单、统一，整齐而紧凑，通常分为并列和错列两种形式（如图 4.5 所示）。

螺栓在构件上的排列应满足受力、构造和施工要求，如图 4.5 所示。

施工要求：要保证一定的空间，便于转动螺栓扳手拧紧螺帽。

②高强度螺栓连接

高强度螺栓连接已经发展成为与焊接并举的钢结构主要连接形式之一，螺栓杆内很大的拧紧预拉力把被连接的板件夹得很紧，足以产生很大的摩擦力。它具有受力性能好、耐疲劳、抗震性能好、连接强度高、施工简便等优点，被广泛地应用在建筑钢结构和桥梁钢结构的工地连接中，成为钢结构安装的主要手段之一（图 4.6）。高强度螺栓连接分为摩擦型和承压型。

高强度螺栓连接具有施工条件好、安装方便、可以拆卸等优点；缺点是在材料、扳手、制造和安装方面有一些特殊技术要求，价格也较贵。

（2）焊接

焊接是现代钢结构最重要的连接方法。在钢结构中主要采用电弧焊，特殊情况下可采用

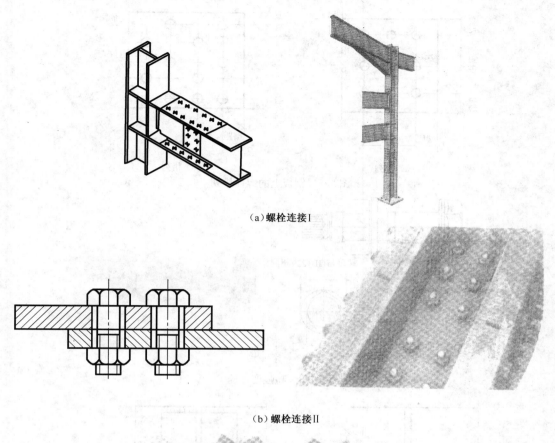

（a）螺栓连接Ⅰ

（b）螺栓连接Ⅱ

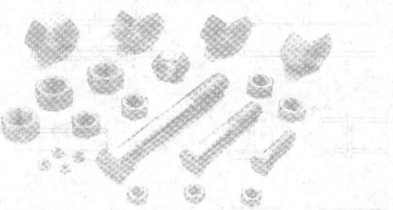

（c）普通螺栓螺母图片

图 4.4　螺栓和螺母

电渣焊和电阻焊等。

　　①焊接形式

　　焊接形式按被连接构件间的相对位置分为对接、搭接、T 形连接和角接四种，如图 4.7 所示。

　　②焊缝形式

　　焊缝形式主要有平焊缝和角焊缝，如图 4.8 所示。

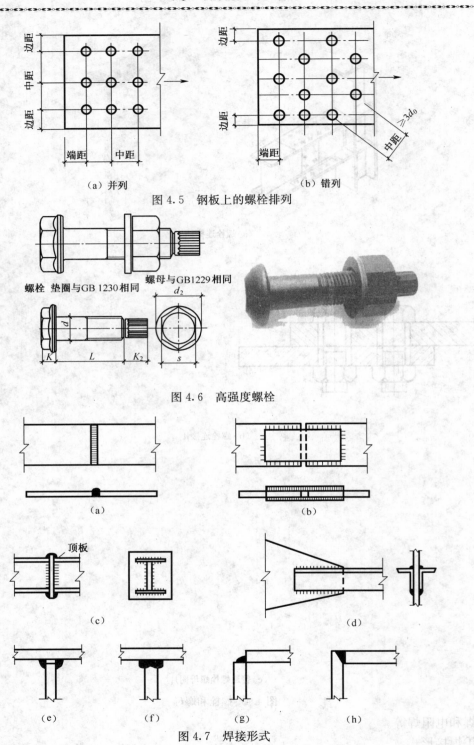

（a）并列　　　　　　　　　（b）错列

图 4.5　钢板上的螺栓排列

图 4.6　高强度螺栓

图 4.7　焊接形式

（3）铆接

　　铆钉连接的制造有热铆和冷铆两种方法。热铆是由烧红的钉坯插入构件的钉孔中，用铆钉枪或压铆机铆合而成。冷铆是在常温下铆合而成。在建筑结构中一般都采用热铆。铆钉的材料应有良好的塑性，通常采用专用钢材 BL2 和 BL3 号钢制成，如图 4.9 所示。

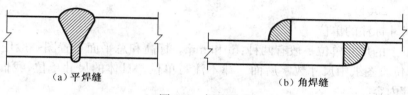

　　　(a) 平焊缝　　　　　　　　　　　　　　(b) 角焊缝

图 4.8　焊缝形式

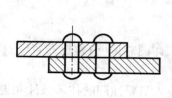

图 4.9　铆钉连接

　　铆钉连接的质量和受力性能与钉孔的加工方法有很大关系。钉孔的加工方法分为Ⅰ、Ⅱ两类。Ⅰ类孔是用钻模钻成，或先冲成较小的孔，装配时再扩钻而成，质量较好。Ⅱ类孔是一次冲成，虽然制法简单，但构件拼装时钉孔不易对齐，连接质量较差。重要的结构应该采用Ⅰ类孔。

　　铆钉打好后，钉杆由高温逐渐冷却而发生收缩，但被钉头之间的钢板阻止住，所以钉杆中产生了收缩拉应力，对钢板则产生压缩系紧力。这种系紧力使连接十分紧密。当构件受剪力作用时，钢板接触面上产生很大的摩擦力，因而能大大提高连接的工作性能。

　　铆钉连接由于构造复杂，费钢费工，现已很少采用。但是铆钉连接的塑性和韧性较好，传力可靠，质量易于检查，在一些重型和直接承受动力荷载的结构中，有时仍然采用。

　　4. 钢结构构件施工图识读

　　对于一套完整的钢结构施工图，在详细看图前，可先将全套图纸翻阅一遍，大致了解这套图纸中包括哪些构件，每个构件有几张图纸，每张图纸中主要有哪些内容。再按照设计总说明、构件布置图、构件详图、节点详图等顺序进行读图。

　　从布置图可以了解到本工程中构件的类型和定位情况，构件的类型有构件代号、编号表示，定位主要由定位轴线及标高确定。节点详图主要表达构件与构件间各连接节点的情况，如墙梁与柱连接节点、系杆与柱的连接、支撑的连接等，用这些详图反映节点连接的方式及细部尺寸等。

　　(1)钢结构构件施工图的具体识读步骤

　　①识图必须由大到小、由粗到细

　　识读施工图时，应先看建筑设计说明和平面布置图，并且把结构的纵断面图和横断面图结合起来看，然后再看构造图和构件详图。

　　②仔细阅读设计说明或附注

　　凡是图样上无法表达而又直接与工程密切相关的一些要求，一般在图纸上用文字说明表达出来，必须仔细阅读。

　　③牢记常用符号和图列

　　为了方便，有时图纸中有很多内容用符号和图例表示，一般常用的符号和图例必须牢记。这些符号和图例也已经成为了设计人员和施工人员的共同语言，详见《建筑结构制图标准》

（GB/T 50105—2001）。

④注意尺寸标注的单位

工程图纸上的尺寸单位一般有两种：m 和 mm。标高和总平面布置图一般用"m"，其余均以"mm"为单位。图纸中尺寸数字后面一律不注写单位。具体的尺寸单位，我们必须认真看图纸的"附注"内容。

⑤不得随意更改图纸

如果对于工程图纸的内容，有任何意见或者建议，应该向有关部门提出书面报告，与设计单位协商，并由设计单位确认。

5. 钢结构施工图绘制

钢结构施工图图纸内容包括：图纸目录；施工详图总说明；螺栓布置图；构件布置图；安装节点图；构件详图。

（1）总说明：施工总说明是对加工制造和安装人员要强调的技术条件和提出施工安装的要求，具体内容如下：

①详图的设计依据是设计图样；

②简述工程概况；

③结构选用钢材的材质和牌号要求；

④焊接材料的材质和牌号要求，或螺栓连接的性能等级和精度类别要求；

⑤结构构件在加工制作过程的技术要求和注意事项；

⑥结构安装过程中的技术要求和注意事项；

⑦对构件质量检验的手段、等级要求、以及检验的依据；

⑧构件的分段要求及注意事项；

⑨钢结构的除锈和防腐以及防火要求；

⑩其它方面的特殊要求与说明。

（2）螺栓布置图

螺栓布置图是根据设计图样进行设计，必须表明整个结构物的定位轴线和标高。在施工锚栓详图中必须表明螺栓中心与定位轴线的关系尺寸、锚栓之间的定位尺寸。绘制详图表明锚栓螺栓长度，在螺栓处的螺栓直径及埋设深度的圆钢直径、埋设深度以及锚固弯钩长度，标明双螺栓及其规格，如果同一根柱脚有多个螺栓则在螺栓之间设置固定架，把螺栓的相对位置固定好，固定架应有较好的刚度，固定架表面标明其标高位置，然后列出材料表。

（3）结构布置图

①构件在结构布置图中必须进行编号，在编号前必须熟悉每个部件的结构形式、构造情况、所用材料、几何尺寸、与其它构件连接形式的，并按构件所处地位的重要程度分类依次绘构件的编号。

②构件编号的原则

对于结构形式、各部分构造、几何尺寸、材料截面、零件加工、焊接尺寸和长度完全一样的可以编为同一个号，否则应另行编号。

对超长度、超高度、超宽度或箱形构件，若需要分段、分片运输时，应将各段、各片分别编号。一般选用汉语拼音字母作为编号的字首，编号用阿拉伯数字按构件主次顺序进行标注，而且只在构件的主要投影面上标注一次，必要时再以平面图或侧立面图补充投影，但不应重复。

各项构件的编号必须连接，例如上下弦杆，上下弦水平支撑等的编号必须各自按顺序编号,不应出现反复、跳跃编号。

③构件编号

对于厂房柱网系统的构件编号,柱子是主要构件,柱间支撑次之,故应先编柱子编号,后编支撑编号。

平面布置图:先编主梁,后编次梁;先横向,从左至右;后竖向,自下而上。

立面布置图:先编主要柱子,后编较小柱子。先编大支撑,后编小支撑。

对于屋盖体系:先下弦平面图,后上弦平面图。依次对屋架、托梁、垂直支撑、系杆和水平支撑进行编号,后对檩条及拉条编号。

④构件表:在结构布置表中必须列出构件表,构建表中要标明构件编号、构件名称、构件截面、构件数量、构件单重和总重,以便于阅图者统计。

(4)安装节点图

①安装节点图包含的内容:

安装节点图是用以表明各构件间相互连接的情况,构件与外部构件的连接形式、连接方式、控制尺寸和相关标高。对屋盖强调上弦和下弦水平支撑就位后角钢的肢尖朝向。表明构件的现场或工厂的拼接节点。表明构件上的开孔(洞)及局部加强对构造的处理。表明构件上加强肋的做法。表明抗剪等布置与连接构造。

②安装节点按适当比例绘制,要注明安装及构造要求的有关尺寸及有关标高。

③安装节点圈定方法与绘制要求。

选比较复杂结构的安装节点,以便提供安装时使用。与不同结构材料连接的节点。与相邻结构系统连接比较复杂的节点。构件在安装时的拼接接头。与节点连接的构件较多的节点。

(5)构件详图绘制

①图形简化:为减少绘图工作量,应尽量将图形相同和图形相反的构件合并画在一个图上。若构件本身存在对称关系,可以绘制一半图形。

②图形分类排版:尽量将同一个构件集中绘制在一张或几张图上,版面图形排放应:满而不挤,井然有序,详图中应突出立面图位置,剖面图放在其余位置,图形要清晰、醒目,并符合视觉比例要求。图形中线条粗、细、实、虚线要明显区别,层次要分明,尺寸线与图形大小和粗细要适中。

③构件详图应依据布置图的构件编号按类别顺序绘制,构件主投影面的位置应与布置图一致。构件主投影面应标注加工尺寸线、装配尺寸线盒安装尺寸线三道尺寸明显分开标注。

④较长且复杂的格构式柱,若因图幅不能垂直绘制,可以横放绘制,一般柱脚应置于图纸右侧。

⑤大型格构式构件在绘制详图时应在图纸的左上角绘制单线条的简图,表明其几何尺寸及杆件内力值,一般构件可直接绘制详图。

⑥零件编号。对多图形的图面,应按从左至右,自上而下的顺序编零件号。先对主材编号,后其他零件编号。先型材,后板材、钢管等,先大后小,先厚后薄。若两构件相反,只给正面构件零件编号。对称关系的零件应编为同一零件号。当一根构件分画于两张图上时,应视作同一张图纸进行编号。

典型工作任务 2　钢结构厂房施工图的识读与绘制

4.2.1　工作任务

掌握钢结构工业厂房构件的组成及钢结构工业厂房施工图的识读方法。

4.2.2　相关配套知识

1. 厂房的构件组成（钢结构厂房）

单层工业厂房一般采用钢结构或钢筋混凝土结构门式刚架或排架，基础大多采用钢筋混凝土独立基础。钢结构是由钢板、角钢、槽钢、钢管等热轧型钢、冷加工成型的薄壁型钢以及焊接成型的构件制造而成的结构。根据生产的需要，厂房内一般还安装有吊车、各种动力设备等，其组成见图 4.10、图 4.11。

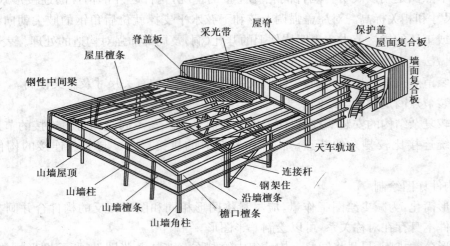

图 4.10　单层工业厂房组成示意图

图 4.11　钢结构厂房示意图

2. 建筑施工图

钢结构厂房建筑施工图通常包括建筑平面图、立面图和剖面图。

（1）建筑平面图（图4.12）

现以某30 m跨单层厂房为例，介绍其识图方法：

①平面形状及尺寸：该厂房的平面形状为矩形，单跨，总长为60 m，总宽为30 m；有11条横向轴线，轴线间距为6 m；有6条纵向轴线，轴线间距为6 m。

②交通通道：该厂房①轴线山墙C～D轴间设有一个大门，纵向F轴线外墙在②～③和⑨～⑩轴线间各设一个大门。

③柱和墙体：图中柱为Ⅰ字形截面钢柱。1 m标高以下墙体为240砖墙。

钢结构厂房建筑平面图中其他部分的识图方法同民用建筑施工图。

（2）建筑立面图

建筑立面图（图4.13）的识图方法均与民用建筑施工图相同，在此不再赘述。

3. 结构施工图

钢结构厂房结构施工图内容一般包括：图纸目录；设计总说明；柱脚锚栓布置图；纵、横、立面图；构件布置图；节点详图；构件图；钢材及高强螺栓估算表。

（1）基础平面图（图4.14）

钢结构厂房基础平面图的识图方法与民用建筑结构施工图相同。

（2）门式刚架平面布置图

门式刚架沿横向轴线布置，且中心线与轴线重合。门式刚架有GJ－1和GJ－2两种类型。

①钢结构设计施工说明

a. 识图要点：图4.15是钢结构设计总说明，主要有工程结构的设计施工规范的名称，荷载的种类与取值；材料选用施工要求；钢结构构造、制造和安装；涂装说明等，识读中应着重看图纸的荷载取值、材料要求，加工制造要求、油漆和除锈等。

b. 识图顺序：

（a）看本图的标题栏，了解图纸的名称，设计单位与人员等信息。（b）看本施工图中的设计依据，施工中应该遵循的技术规范和规程的名称，并应注意规范和规程的颁布年份，及时更新版本。（c）看荷载的取值是否符合GB/T 50009—2011、GB/T 50018—2002的相关要求。（d）看材料选用和施工要求：钢结构构造、制造和安装，涂装说明等具体要求。

②柱脚埋件布置图

a. 识图要点：图4.2（a）为柱脚螺栓平面布置图。轴网为纵向从1轴到13轴，柱距为6 m，结构的总长度为72 m；横向轴线为从A轴到D轴，A～B轴6.5 m，B～C轴8 m，C～D轴6.5 m，单跨双坡两跨为21 m。房屋两墙设有抗风柱；地脚锚栓有2种类型，分别为DJ-1，DJ-2。

b. 识图顺序：（a）看图名称。（b）看轴网编号、数量，及其相互之间的距离。（c）看地脚锚栓DJ在平面图上的编号有几种，各种锚栓所在的轴网位置。（d）看左下方的地脚锚栓DJ-1，DJ-2的详图。

③吊车梁、柱间支撑平面布置图

a. 识图要点:图 4.2(b)是吊车梁、柱间支撑平面布置图;主要表现了吊车梁、柱间支撑的布置情况,识读中注意看轴网尺寸,各种构件的名称和位置,其中:GDL 为钢吊车梁;SZC 为上层柱间支撑;XZC 为下层柱间支撑。

b. 识图顺序:(a)看图名称。(b)看轴网编号、数量,及其相互之间的距离,并于"柱脚布置图"轴网相互对照识读。(c)看吊车梁 GDL、柱间支撑 ZC 在平面图上的编号及其所在的轴网位置。

④房屋纵、横立面图

a. 识图要点:图 4.16 是房屋纵横立面图;主要表达了结构的外轮廓,相关尺寸和标高,纵横轴线编号和跨度尺寸以及高度尺寸,剖面选择具有代表性的或需要特殊表示清楚的地方。

b. 识图顺序:(a)看图名称。(b)看"A 轴的 1～13 轴立面图"并与前面的平面图相互对照识读。注意门窗洞口的位置、相互间的尺寸与标高。(c)看"D 轴的 1～13 轴立面图"并与前面的平面图相互对照识读。注意门窗洞口的位置、相互间的尺寸与标高。(d)看"1 轴、13 轴立面图"并与前面的平面图相互对照识读。注意门窗洞口的位置、相互间的尺寸与标高。

⑤屋面支撑系杆平面布置图

a. 识图要点:(a)图 4.2(c)轴网横向有 1～13 轴,竖向有 A～D 轴;(b)柱距为 6 m 总长为 72 m,宽为 21 m 的刚架厂房;(c)A、D 轴是边柱,B、C 轴上有抗风柱;(d)支撑有水平支撑 SC,刚性系杆 GXC,刚性系杆 GXG。

b. 识图顺序:(a)看图名称。(b)看轴网编号、数量,并与前面的两张平面图相互对照识读。(c)看屋面支撑 SC、刚性系杆 GXG 在平面图上的位置。(d)看右下角的图纸说明。

⑥屋面檩条拉条平面布置图(图 4.17)

a. 识图要点:横向轴网 1～13 轴,左边纵向轴网 A～D 轴,右边轴网 A～D 轴共两跨,每跨 1.5 m,总长 72 m,总宽 21 m,屋面檩条采用冷弯薄壁型钢 C160×60×20×2。

b. 识图顺序:(a)看图名称。(b)看轴网并与前面的三张平面图对照识读。(c)看屋面屋面檩条、拉条在平面图上的布置、间距与位置。(d)看右下角的图纸说明。

⑦屋面彩板布置图

a. 识图要点:图 4.18 是吊车梁、柱间支撑平面布置图;主要表现了吊车梁和柱间支撑的布置情况,识读中注意看轴网尺寸,各种构件的名称和位置。其中:GDL 为钢吊车梁;SZC 为上层柱间支撑;XZC 为下层柱间支撑。

b. 识图顺序:(a)看图名称。(b)看轴网。(c)看屋面板布置情况。

(3)刚架 GJ-1 施工图

①刚架平面布置图(GJ-1 1:50)(图 4.19)

a. 识图要点:(a)柱脚预埋件布置图是 1:50 的比例,柱与柱之间中心间距 21 m;(b)单跨双坡厂房采用刚性连接;(c)两个边柱上设有牛腿并吊在吊车梁,吊车梁的跨度为 19.5 m,变截面的刚架梁采用高强螺栓;(d)根据材料表对柱脚预埋件布置图进行下料。

b. 识图顺序:(a)看图名称。(b)看刚架 GJ-1 曲刚架的左下角开始看,沿着刚架柱、梁顺时针看到刚架的右下角处。c、在识读中主要看各个断面详图。

②节点详图与材料表

a. 识图要点:图 4.20 是吊车梁、柱间支撑平面布置图;主要表现了吊车梁和柱间支撑的布置情况,识读中注意看轴网尺寸,各种构件的名称和位置。其中:GDL 为钢吊车梁;SZC 为上层柱间支撑;XZC 为下层柱间支撑。

b. 识图顺序:(a)看图名称。(b)依次看断面详图 4-4～9-9,并与上一页的 GJ-1 相互对照识读。(c)看"材料表",注意编号、规格、长度、数量,所有的零件均为钢板,零件的编号来自 GJ-1 与相应的断面详图。(d)看右下角的图纸说明。

③檩条、隔撑、系杆、拉条节点图

a. 识图要点:图 4.21 是檩条、隔撑、系杆、拉条节点图;主要表现了檩条与钢梁,隔条与隔撑、钢梁,刚性系杆与拉条的连接方式。

b. 识图顺序:(a)看图名称。(b)看图纸说明。

④吊车梁详图

a. 识图要点:图 4.22 是钢吊车梁的各种细部尺寸,焊缝情况,断面的细部情况。

b. 识图顺序:(a)看图名称。(b)图纸说明。

(4)屋面檩条布置图

檩条是构成屋面水平支撑系统的主要部分;檐口檩条位于侧墙和屋面的接口处,对屋面和墙面都起到支撑的作用。

轻型门式刚架的檩条,墙梁以及檐口檩条一般都采用带卷边的槽形和 Z 形(斜卷边或直卷边)截面的冷弯薄壁型钢。

轻型门式刚架的檩条构件可以采用 C 形冷弯卷边槽钢和 Z 形带斜卷边或直卷边的冷弯薄壁型钢。构件的高度一般为 140～300 mm,厚度 1.4～2.5 mm。冷弯薄壁型钢构件一般采用 Q235 或 Q345,大多数檩条表面涂层采用防锈底漆,也有采用镀铝或镀锌的防腐措施。

a. 檩条间距和跨度的布置

檩条的设计首先应考虑天窗、通风屋脊、采光带、屋面材料及檩条供货规格的影响,以确定檩条间距,并根据主刚架的间距确定檩条的跨度。

b. 简支檩条和连续檩条的构造

檩条构件可以设计为简支构件,也可以设计为连续构件(图 4.23)。简支檩条和连续檩条一般通过搭接方式的不同来实现。简支檩条不需要搭接长度,Z 形檩条的简支搭接方式其搭接长度很小,对于 C 形檩条可以分别连接在檩托上。采用连续构件可以承受更大的荷载和变形,因此比较经济。檩条的连续化构造也比较简单,可以通过搭接和拧紧来实现。带斜卷边的 Z 型檩条可采用叠置搭接,卷边槽形檩条可采用不同型号的卷边槽形冷弯型钢套来搭接。

c. 侧向支撑的设置

外荷载作用下檩条同时产生弯曲和扭转的共同作用。冷弯薄壁型钢本身板件宽厚比大,抗扭刚度不足;荷载通常位于上翼缘的中心,荷载中心线与剪力中心相距较大;因为坡屋面的影响,檩条腹板倾斜,扭转问题将更加突出。所有这些说明,侧向支撑是保证冷弯薄壁型钢檩条稳定性的重要保障。

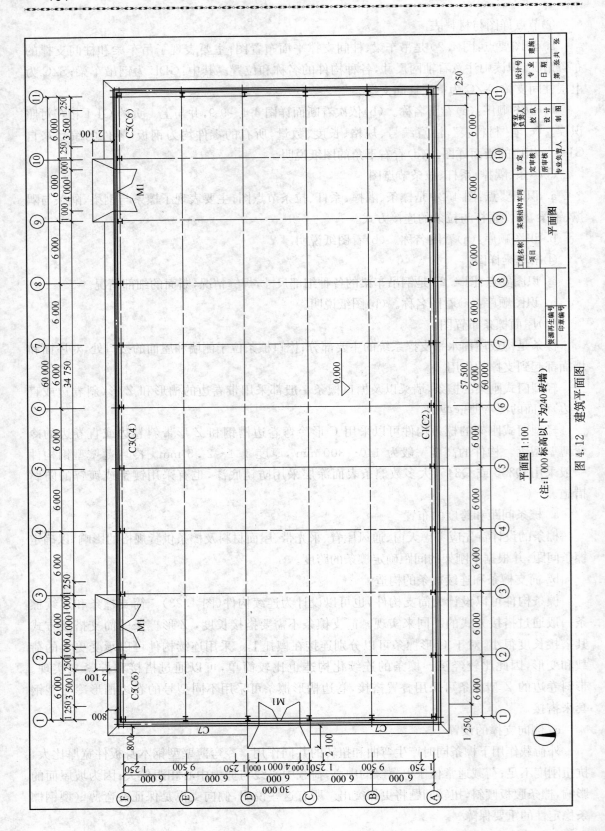

平面图 1:100

（注：1 000标高以下为240砖墙）

图 4.12　建筑平面图

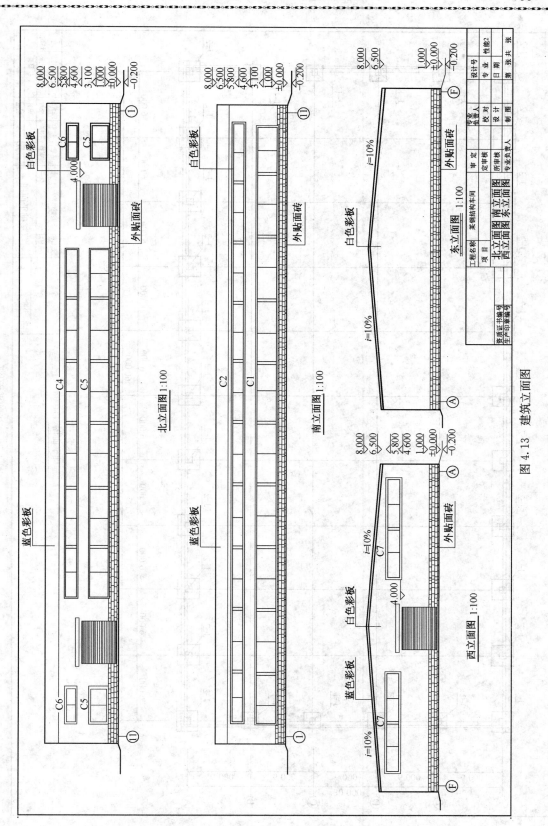

图 4.13 建筑立面图

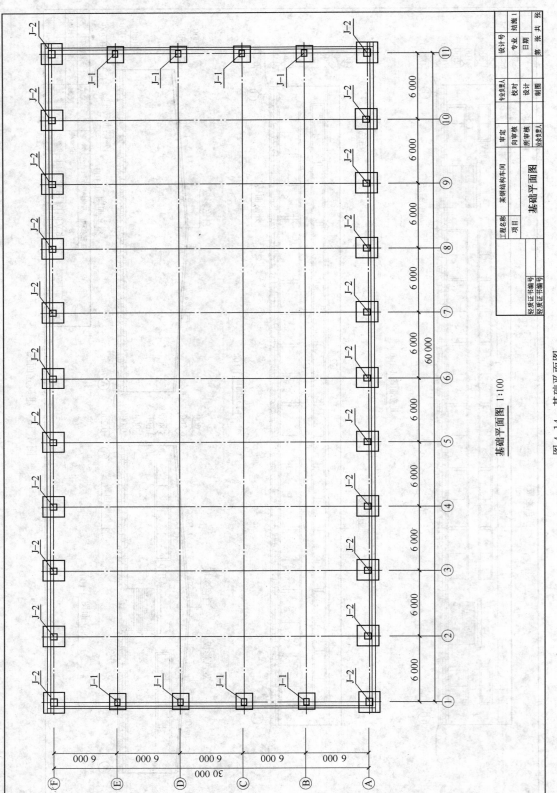

基础平面图　1:100

图 4.14　基础平面图

钢结构设计施工说明

一、本施工图图中所注尺寸除标高以米为单位外，其余均以毫米为单位。

二、本设计采用中科院的PKPM2005及上海同济大学的3D3S8.0钢结构设计软件进行设计。

三、设计依据及施工应遵守的技术规范与规程：

1.建筑结构荷载规范(GB 50009—2001)

2.钢结构设计规范 (GB 50017—2003)

3.混凝土结构设计规范(GB 50010—2002)

4.建筑抗震设计规范 (GB 50011—2001)

5.冷弯薄壁型钢结构技术规范(GB 50018—2002)

6.建筑钢结构焊接规程(JGJ 81—2002)

7.钢结构工程施工及验收规范 (GB 50205—2001)

8.钢结构高强度螺栓连接的设计施工及验收规程(JGJ 82—1991)

四、荷载取值：

1.屋面恒荷载取值0.3 kN/m²

2.屋面取值0.5 kN/m²

3.雪载取值0.40 kN/m²

4.风载取值0.50 kN/m²地面粗糙类别B类

五、材料

1.本工程钢梁(含接合板)采用Q345B钢制作，檩条（材质:Q345，热镀锌）、支撑、焊管等型材采用Q235钢制作。结构钢用钢应符合《GB/T 1591—1994》中规定的Q345和《GB 700—1988》规定的Q235要求，钢材应保证其抗拉强度、伸长率、屈服点、冷弯试验和碳、硫、磷的极限含量。

钢材的抗拉强度实测值的比值不应小于1.2；钢材应有明显的屈服台阶，且伸长率应大于20%，应有良好的可焊性和合格的冲击韧性。当截面板件厚度$t \geq 40$ mm时，钢材应保证Z向性能，不应小于国家标准《厚度方向性能钢板》(GB 501313) 关于Z15级规定的容许值。

2.焊条：手工焊时，Q235本体用E50××焊条，其性能应符合《GB/T 5118—1995》的规定。Q235本体，Q235和Q345连接用E43××系列焊条，其性能应符合《GB/T 5117—1995》的规定。自动焊时根据钢材材质选用相应焊丝，其性能应符合《GB/T 8110— 1995》的规定。

3.本设计中主要连接螺栓采用高强度大六角螺栓（详见相关施工图），螺栓强度等级为10.9级。其与所连接构件的相应接触面应作摩擦面处理，摩擦面的抗滑移系数μ=0.40应由试验决定，高强螺栓接触面应采用喷砂后生赤锈处理。

4.钢构件安装定位螺栓采用普通C级螺栓，螺栓孔为二类孔。

高强螺栓，螺母和垫圈采用《GB 3077--1988》和《GB 699--1988》规定的钢材制作。

普通螺栓，螺母和垫圈采用《GB 700--1988》规定的Q235钢制作。

5.高强度大六角螺栓其规格和尺寸应符合GB 1228—1991及GB 1231—1991中的规定。

6.屋面板上层板角驰Ⅲ型，镀铝锌板（基板厚度大于0.53)；

中间为100 mm欧文斯科宁玻璃保温棉（单层铝箔），容量为16 kg/m³；

下层为ϕ1.0不锈钢钢丝；屋面采光带材料为乳白色聚氨酯易熔采光板（1.5 mm厚），采光板型号同屋面板，要求温度≥80°时，自行熔化并不产生熔滴。

六、结构制造

1.钢结构构件制作时，应按照《钢结构工程施工及验收规范》进行制作。

2.所有钢构件在制作前均做1:1施工大样，复核无误后方可下料。

3.钢材加工前应进行校正，使之平整，以免影响制作精度。

4.焊接时应选择合理的焊接顺序，以减少钢结构中产生的焊接应力和变形，焊缝长度及高度除图中已注明外，其余均为满焊。焊缝检验等级除全溶透焊为二级外，其余均为三级。

角焊缝高度如下表：

t	6	8	10	12	14	16	20
焊缝高度h_f	6	6	8	10	10	12	14

七、结构安装

1.在安装钢梁前，应检查锚栓间的距离尺寸，其螺纹是否有损伤（施工时注意保护）。

2.结构吊装时应采取适当的措施，以防止过大的弯扭变形。

3.结构吊装就位后，应及时系牢支撑及其他联系的构件，保证结构的稳定性。

4.所有上部构件的吊装，必须在下部结构就位，校正系牢支撑构件以后才能进行。

八、高强度螺栓的施工要求

1.为使构件紧密结合，高强螺栓贴面上严禁有电焊、气割、毛刺等不洁物。

2.高强螺栓孔应采用钻成孔。

3.高强螺栓终拧前严禁雨淋。

九、钢结构油漆和除锈

1.所有钢构件均应彻底清除脏物及油污，严格除锈，手工应达St2级，喷砂应达Sa2.5级。其要求见GBJ 205—1990 。

2.所有钢构件出厂前均需防锈底漆两度，面漆由甲方定。

3.高强螺栓结合面上不得油漆。

4.本工程钢梁防火等级为1.5 h，次结构防火等级为0.5 h。

十、本工程按国家现行有关规范进行施工及验收。

十一、本工程所有吊架支点均应从屋梁上翼缘开始往下焊≥ϕ12钢圈。

◆高强螺栓 ⊕安装螺栓 ✦普通螺栓 ⊕圆孔

识图要点：本页图是钢结构设计总说明，主要有工程结构的设计施工规范的名称，荷载的种类与取值；材料选用施工要求；钢结构构造、制造和安装；涂装说明等，识读中应着重看图纸的荷载取值、材料要求，加工制造要求、油漆和除锈等。

识图顺序：1. 看本图的标题栏，了解图纸的名称，设计单位与人员等信息。2. 看本施工图中的设计依据，施工中应该遵守的技术规范和规程的名称，并应注意规范和规程的颁布年份，及时更新版本。3. 看荷载的取值是否符合GB 50009、GB 50018的相关要求。4. 看材料选用和施工要求：钢结构构造、制造和安装；涂装说明等具体要求。

重要提示：本图及以下各章工程实例图中，以虚线所围绕的文字，均为帮助读者识读图纸的注释说明用文字，非原始施工图中的内容。

****** 建筑设计院有限公司 证书编号：10****-Sr		建设单位	****** 有限公司	设计号	2009-01
		工程名称	*** 车间	设计阶段	施工图
批 准	专业负责	图纸内容：	钢结构设计施工说明	图 号	结施-09
审 定	复 核			比 例	1:100
审 核	设 计			日 期	09.06
项目负责	制 图				

图 4.15 钢结构设计施工说明

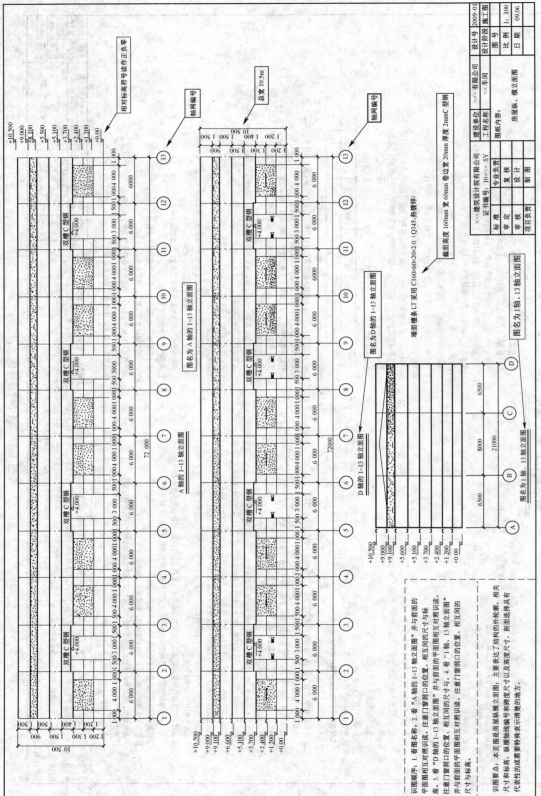

图 4.16 房屋纵、横立面图

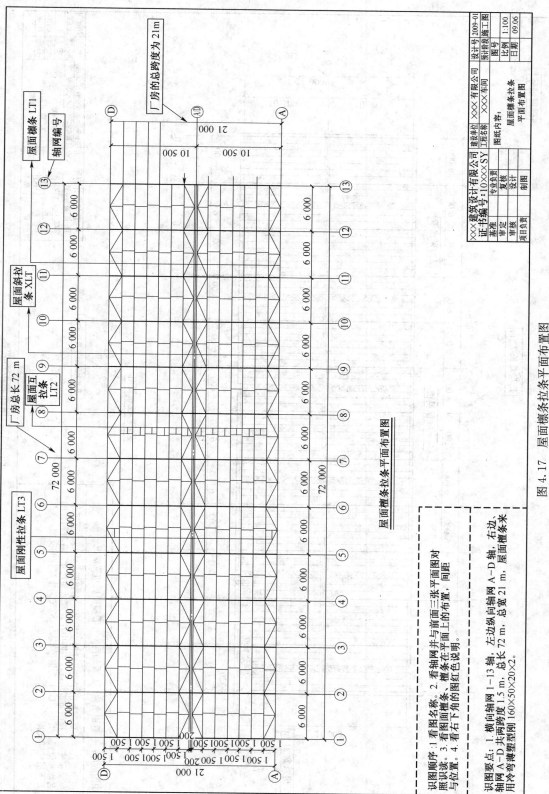

图 4.17 屋面檩条拉条来面布置图

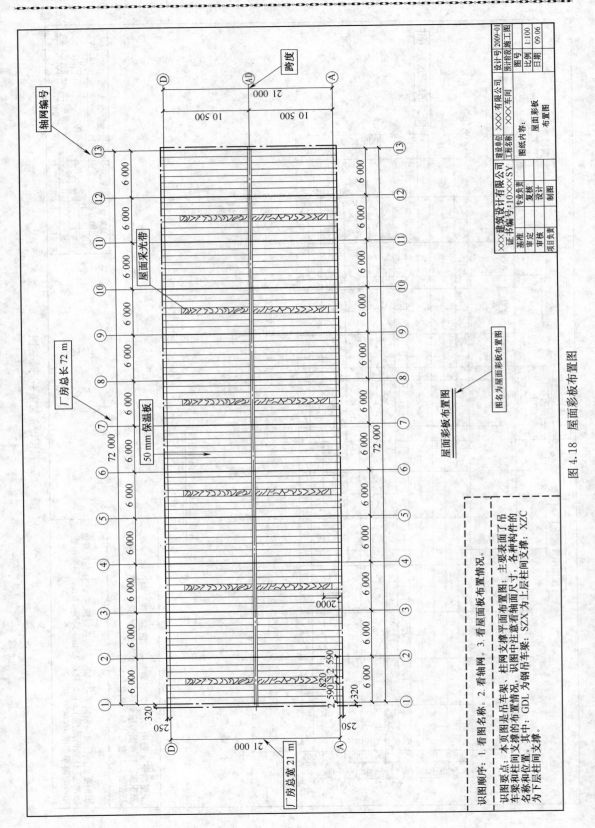

图 4.18　屋面彩板布置图

识图顺序：1. 看图名称。2. 看轴网。3. 看屋面板布置情况。

识图要点：本页图是吊车架；柱网支撑的布置情况。识图中注意看各轴面尺寸，各种构件的名称和位置。其中：GDL 为钢吊车梁；SZX 为上层柱间支撑；XZC 为下层柱间支撑。

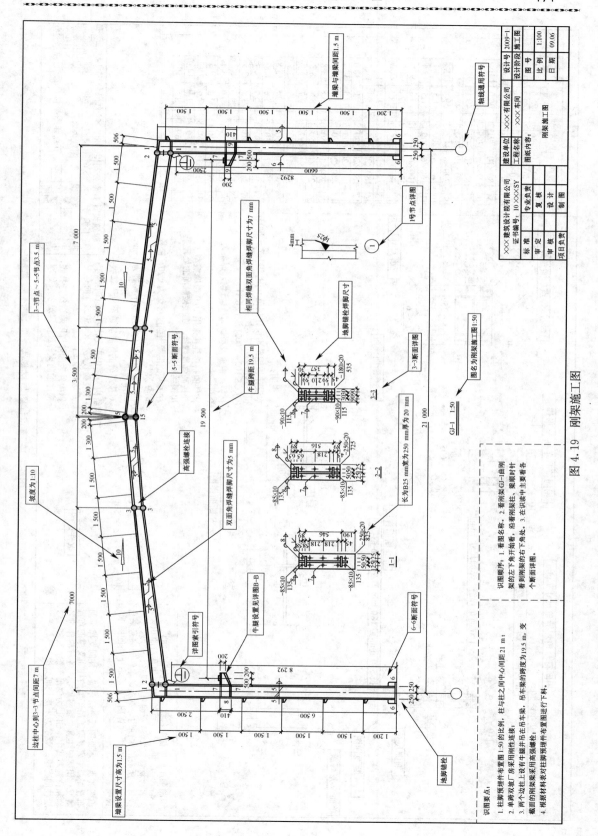

图 4.19　刚架施工图

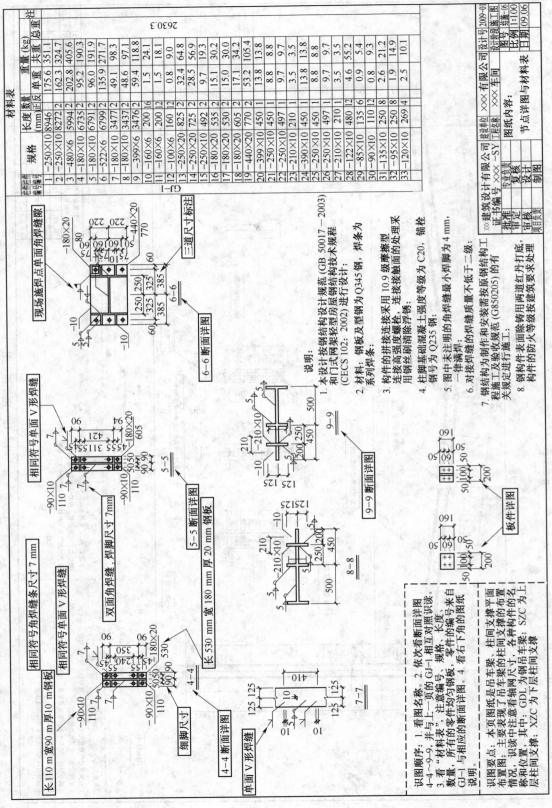

图 4.20 节点详图与材料表

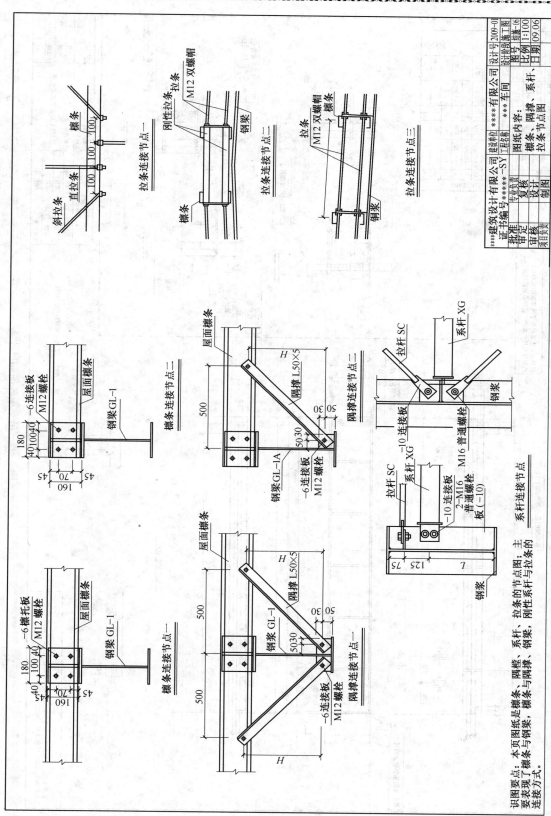

图 4.21　檩条、隅撑、系杆、拉条节点图

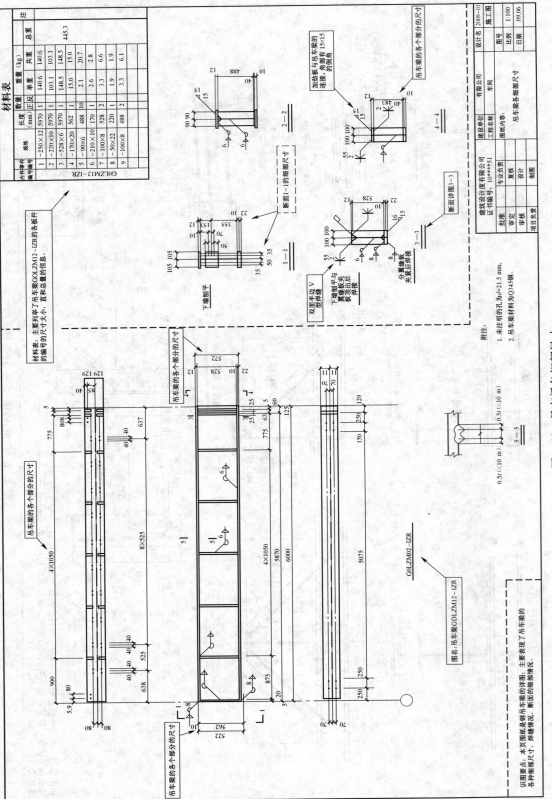

图 4.22　吊车梁各细部尺寸

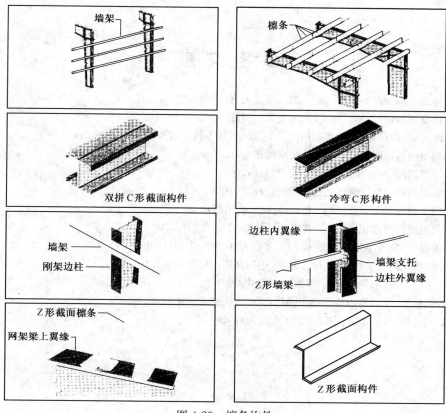

图 4-23 檩条构件

 相关规范、规程与标准

1. 中华人民共和国国家标准,03G102 钢结构设计制图深度和表示方法。
2. 中华人民共和国国家标准,GB/T 50001—2010 房屋建筑制图统一标准。
3. 中国标准化协会标准．CECS 102—2002 门式刚架轻型房屋钢结构技术规程。

 项目小结

本项目主要介绍了钢结构施工图中常用的代号、图例;钢结构所用型材的标注方法;钢结构的连接及表示方法;钢结构构件详图识读方法;钢结构工业厂房的组成;单层工业厂房钢结构施工图的识读方法。熟悉钢结构施工图中常用的代号、图例;钢结构所用型材的标注方法;钢结构的连接及表示方法;掌握单层工业厂房钢结构施工图的识读方法。

 复习思考题

1. 钢结构的连接种类有哪些?
2. 单层轻型钢结构房屋由哪些部分组成?
3. 如何识读单层工业厂房钢结构施工图?

参 考 文 献

[1] 莫章金. 建筑工程制图与识图[M]. 北京:高等教育出版社. 2006.

[2] 牟明. 工程制图与识图[M]. 北京:人民交通出版社. 2008.

[3] 何铭新,郎宝敏,陈星铭. 建筑工程制图[M]. 北京:高等教育出版社,2001.

[4] 牟明. 工程制图与识图[M]. 北京:人民交通出版社. 2008.

[5] 刘志麟. 建筑制图[M]. 北京:机械工业出版社,2001.

[6] 高丽荣. 建筑制图[M]. 北京:北京大学出版社,2010.

[7] 王强. 建筑工程制图与识图[M]. 北京:机械工业出版社,2010.

[8] 王子茹. 房屋建筑结构识图[M]. 北京:中国建材工业出版社,2001.

[9] 和丕壮,王鲁宁. 交通土建工程制图[M]. 北京:人民交通出版社,2001.

[10] 宋兆全. 画法几何及工程制图[M]. 北京:中国铁道出版社,2002.

[11] 张新来. 工程制图[M]. 北京:中国铁道出版社,2001.

[12] 马瑞强,何林生. 钢结构构造与识图[M]北京:人民交通出版社,2010.

[13] 苏明周. 钢结构[M]. 北京:中国建筑工业出版社,2003.